▶ 丛书主编 颜 实

萌芽与花朵

——古代的科学技术

▶ 张 欣 韦中燊 薛啸尘 田 勇 编著

山东科学技术出版社
·济南·

图书在版编目（CIP）数据

萌芽与花朵：古代的科学技术 / 张欣等编著.
济南：山东科学技术出版社，2024. 8. -- ISBN 978-7-5723-2146-7

Ⅰ. N092

中国国家版本馆CIP数据核字第2024S3Q590号

萌芽与花朵——古代的科学技术
MENGYA YU HUADUO——GUDAI DE KEXUE JISHU

责任编辑：胡　明
装帧设计：孙小杰

主管单位：山东出版传媒股份有限公司
出 版 者：山东科学技术出版社
　　　　　地址：济南市市中区舜耕路517号
　　　　　邮编：250003　电话：(0531) 82098088
　　　　　网址：www.lkj.com.cn
　　　　　电子邮件：sdkj@sdcbcm.com
发 行 者：山东科学技术出版社
　　　　　地址：济南市市中区舜耕路517号
　　　　　邮编：250003　电话：(0531) 82098067
印 刷 者：山东新知语印务有限公司
　　　　　地址：山东省济南市商河县新盛街10号
　　　　　邮编：251600　电话：(0531) 82339899

规格：32开（140 mm×203 mm）
印张：9.5　　字数：135千　　印数：1~2500
版次：2024年8月第1版　印次：2024年8月第1次印刷
定价：35.00元

《科学与文化泛读丛书》
编 委 会

顾 问 郭书春

主 编 颜 实

编 委 （按姓名拼音排序）

李 昂	李永民	刘鸿亮
刘树勇	刘 毅	茅 昱
谭建新	田 勇	王 斌
王洪见	王晓义	王玉民
韦中燊	邢春飞	邢声远
熊 伟	徐传胜	徐志伟
薛啸尘	游战洪	张 欣
赵文君	周广刚	周金蕊

前言

以四大发明（造纸术、印刷术、火药、指南针）为代表的中国古代科技在世界科技史上占有重要地位，对人类文明产生了深远影响。比如，马克思说，火药把骑士阶层炸得粉碎，指南针打开了世界市场并建立了殖民地，而印刷术则变成了科学复兴的手段。除了四大发明，中国古人在瓷器、丝绸、农学、医学、数学、天文历法、地理学等方面也取得了令人瞩目的成就。

现代科技的大树和硕果源于古代科技的萌芽和花朵，古代科技也含有更多的文化内容。了解古代科技，不但可以增长知识、开阔视野，也能感受其中蕴含的中华优秀传统文化。

对于中国古代科技成就，读者可能多有耳闻，而具体细节不大了解。本书力图全面、扼要介绍这些成就，尽量提供较多的细节，其中也包含一些有趣的传说和故事。这里略加采撷，以作为正文的导读。

在新石器时代的河姆渡遗址出土了磨制石器，以及麻线、纺锤与纺机零件，并且发现了使用蚕丝的痕迹。成书于春秋战

国时期的《考工记》中详细记载了制作弓与箭的知识。

在纸发明之前，国外的书写材料有莎草纸和泥板（莎草纸是用莎草直接加工而成的，与后来的纸是不同的东西），中国的书写材料有甲骨和简牍。世界上发现的最早的纸是西汉早期的放马滩纸，比改进造纸术的蔡伦早200多年，蔡伦对造纸术的改进在于形成了一套较为固定的工艺流程。

印刷术源于印章和拓印，雕版印刷的印版可看作特大号的印章。活字印刷术包括泥活字印刷术、木活字印刷术、金属活字印刷术。

火药是炼丹术士意外发明的：炼丹中被视为事故的燃烧和爆炸可用于军事。北宋末年已有霹雳炮和震天雷等爆炸性很强的武器。

指南针的发明经历了一个漫长的过程，北宋科学家沈括对改进指南针的贡献很大。

距今约6 000年前，中国古人就烧制出了绘有生动图案的鹳鱼石斧陶缸和利用物理学重心知识的提水陶罐尖底瓶。连接亚欧各国的丝绸之路和海上丝绸之路，在中国瓷器发明后也是大量进行瓷器贸易的商路。

中国与西方的丝绸贸易早在公元前4世纪前就已开始。在古罗马，把丝绸作为衣料是极其奢侈的行为。为了争夺丝绸贸易的控制权，公元571年东罗马联合突厥，与波斯进行了持续20年的"丝绢之战"。

中国古代数学注重计算,最重要的目标是服务于国计民生。"宋元四大家"的研究成果体现着当时世界数学的最高水平。

元代天文学家郭守敬于1276年创制出测量天体位置的简仪(简仪是对结构复杂的唐宋浑仪的简化),欧洲直到1598年才由丹麦天文学家第谷发明出类似的装置。

传统中医理论在宋金元时期出现了大发展,"金元四大家"的学说标志着中医发展的新阶段,对后世影响深远。

中国古代以农业立国,古人非常注意总结农业生产经验,逐渐形成了一些重要的理论,留存下来的农学著作以"四大农书"为代表。

明朝末年的旅行家徐霞客是世界上广泛考察石灰岩地貌(喀斯特地貌)的先驱,比欧洲人早200多年。

了解中国古代的科技成就,可以从中汲取自信和力量,传承中华优秀传统文化的创新基因,培育创新文化,为把我国建设成为科技强国做出贡献。

书中不当之处,敬请读者指正。

编著者

目 录

上篇　古代的技术

一、从远古走来 ·· 2

 1.1　从猿至人路漫漫 ································· 2

 1.2　走入石器时代的祖先 ···························· 4

 1.3　制绳与编织 ······································· 7

 1.4　弓箭——冷兵器之王 ···························· 9

二、造纸术 ··· 14

 2.1　莎草纸和泥板书 ································· 14

 2.2　从甲骨到简牍 ···································· 17

 2.3　纸的发明 ··· 21

 2.4　形形色色的纸 ···································· 24

三、印刷术 ··· 29

 3.1　前印刷技艺——印章和拓印 ···················· 29

3.2 雕版印刷	32
3.3 最古老的印刷品	33
3.4 活字印刷术	36
3.5 扬州——印刷的圣地	40

四、火药与火器 — 42

4.1 炼丹术与火药	43
4.2 火药的发展	47
4.3 喷火器和突火枪	50
4.4 令人胆寒的火箭	51
4.5 鸟铳和碗口铳	55
4.6 佛郎机和红夷大炮	58
4.7 娱乐中的火药	61

五、指南针 — 63

5.1 司南	63
5.2 指南鱼和磁化	64
5.3 指南针与磁偏	66
5.4 指南车	68
附　四大发明的传播	69

六、陶器和瓷器 — 73

| 6.1 新石器时代的发明 | 73 |
| 6.2 鹳鱼石斧陶缸和尖底瓶 | 76 |

2

6.3	澄泥陶器和紫砂壶	78
6.4	色块简洁的唐三彩	81
6.5	青瓷与龙泉窑	84
6.6	哥窑和弟窑	86
6.7	钧窑	87
6.8	白瓷与氧化铁	90
6.9	说说釉药	91
6.10	青花瓷和釉里红	95
6.11	清代的郎窑红和桃花片	97
6.12	丝绸之路和海上丝绸之路上的瓷器贸易	98

七、蚕与丝 … 105

7.1	蚕桑的传说	105
7.2	早期的蚕事活动	107
7.3	古桑的传奇	110
7.4	马王堆汉墓中的丝绸	112
7.5	湖桑湖丝天下闻	114
7.6	辑里丝——七里丝	115
7.7	犹如雕镂的缂丝	117
7.8	锦中精品说云锦	120
7.9	公主的帽子	124
7.10	丝绸之路和海上丝绸之路	126
7.11	欧洲的丝绸故事	128

下篇　古代的科学

八、数学 ································ 134

   8.1　八卦与二进制 ······················ 134

   8.2　算筹和筹算 ························ 136

   8.3　"小九九"的故事 ··················· 138

   8.4　勾股定理 ·························· 139

   8.5　《九章算术》与刘徽 ················ 142

   8.6　祖冲之与祖率 ······················ 144

   8.7　十大算经 ·························· 145

   8.8　宋元四大家 ························ 151

   8.9　利玛窦和《几何原本》·············· 160

   8.10　梅氏数学世家 ···················· 163

九、天文学与历法 ····················· 169

   9.1　论天三家 ·························· 169

   9.2　《夏小正》························ 175

   9.3　《周髀算经》······················ 176

   9.4　二十八宿 ·························· 178

   9.5　二十四节气 ························ 181

9.6 数九与数伏 ··· 186
9.7 太阳历 ··· 188
9.8 回历 ··· 191
9.9 置闰的方法 ··· 193
9.10 浑仪和浑象 ·· 195
9.11 水运仪象台 ·· 198
9.12 简仪和登封高表 ···································· 201
9.13 从古六历到太初历 ·································· 203
9.14 超新星的记录和蟹状星云的传奇 ······················ 206
9.15 彗星和流星 ·· 209

十、医学 ·· 214

10.1 医家的"两经" ···································· 214
10.2 张仲景和《伤寒杂病论》 ···························· 216
10.3 神医华佗 ·· 219
10.4 葛洪 ·· 223
10.5 陶弘景 ·· 226
10.6 药王孙思邈 ·· 227
10.7 金元四大家 ·· 229
10.8 消灭天花的"痘术" ································ 231
10.9 李时珍 ·· 235
10.10 苏州名医叶天士 ··································· 237

十一、生物与农学 ·· 240

11.1　养蜂的历史 ·· 240
11.2　防治害虫的方法 ·· 242
11.3　从"螟蛉义子"说起 ·· 246
11.4　粟、稻和大豆 ·· 249
11.5　赵过和三脚耧 ·· 251
11.6　陆龟蒙和江东犁 ·· 252
11.7　陆羽和茶 ·· 256
11.8　四大农书 ·· 260
11.9　选取新种之法 ·· 266
11.10　人工变异的典型——金鱼 ··································· 268

十二、旅行和地理 ·· 271

12.1　穆天子的传奇 ·· 271
12.2　开发西部的先锋——张骞和班超 ····························· 273
12.3　《佛国记》和《大唐西域记》 ······························· 278
12.4　《马可·波罗游记》 ·· 282
12.5　徐霞客 ·· 284
12.6　郑和下西洋 ·· 288

上篇

古代的技术

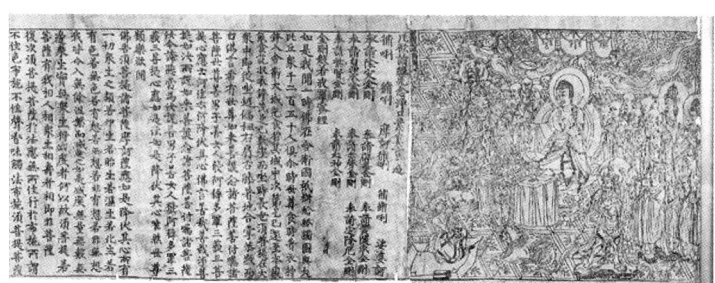

一、从远古走来

1.1 从猿至人路漫漫

数百万年前的一个夜晚,莽莽山林中,一只老猿坐在树枝上,眯着朦胧的双眼,望向满天繁星。

那时的地球,还没有人类。

然而,人类的出现犹如一缕晨曦,已经在老猿浑浊的目光中闪烁。

人类,作为地球生命的智慧之花,走过了一条漫长而危机重重的进化之路。人从诞生之日起,便为了生存承受着艰难困苦。上百万年来,人类历经千难万苦,不懈进取,代代传承,合力共为,用勤劳的双手和智慧的大脑,打造出今日的崭新天地。

相对于地球数十亿年的演化史,人类的历史只是短暂的一瞬,但呈现的却是一段自强不息的奋斗史。当人类站立起来并用自己的双手创造出劳动果实,而且挺直腰杆宣告从动物界脱颖而出时,当人类通过群体的紧密结合形成一种特殊的社会时,就以坚强的躯体和独特的思想确定了在自然界中的主导地位,而且开始了人类演化的新征程。

人类由猿演化而来，经过地猿群、南猿群、能人群、直立人群、智人群，从最原始的人演化为现代类型的人，整个过程历经沧桑。

约400万年前，地猿开始放弃用四肢爬行，改用下肢支撑身体，以图直立着行走，猿人们穴居山洞，穿着树叶兽皮，过着茹毛饮血的生活；250万年前的能人，可以制造简单的工具，"能人"这个称呼，表示他们是掌握了熟练技能的人类；至于直立人和智人，已经与我们现代人类十分相似了。"智人"们相互协作，能进行采集、狩猎、种植、捕鱼、编织……并且掌握了对火的使用，制作的工具也更为复杂和多样化。

这一系列的进化，都从"直立行走"开始。直立行走是从猿到人的重要一步。

地猿开始尝试直立行走，可能是为了使自己的视线处于更高的位置，以防范大草原上的各种威胁。更重要的是，猿人双手的解放，开启并逐步酝酿出一种崭新的生活方式。

直立行走，双手得到解放，人类便能向更广阔的领域探索未知的事物。随着探索的深入，人们相互交流各自的创新思维和发现的新鲜事物，以及先进的生产工具。人类的大脑在求索与交流中得以发展，智力水平不断提高，逐渐聪慧的头脑又不断创造着新的发明。

从粗糙的石块木棒到尖锐的刀戈斧矛，从树叶兽皮到编织衣物，从简陋的山洞到立柱搭梁修建房屋，以及发明陶器，创

作充满想象力的壁画,创造传递信息的绳结与各种文字……仅仅在石器时代,人类的双手就创造出了无数令人赞叹的奇迹。至于之后的农业时代、工业时代、信息时代,更依赖于人类勤劳的双手的创造。

在人类直立行走后,人类的双手能砍倒树木,手与脚的合作还能耕种田地,但与其说人类的双手改变了环境,倒不如说由人类的双手创造出来的"斧子、锄头、长矛"等一系列的工具使人类能披荆斩棘,改变了人类在自然界中的地位。

荀子说:"君子非他能也,善假于物也。"人类制造工具,借助外物,突破了身体极限,大幅度地且不断地提升自身的能力,从而进化为"万物之灵长"。

1.2 走入石器时代的祖先

石器时代是人类史上一个漫长的时代,这个时代大约经历了距今300万年到距今1万年的时间跨度。

在整个人类演化的进程中,石头占据着不可取代的重要地位。石头经过人的双手的打制(主要是敲击),就能造出最初的工具。

最初的原石加工十分稚拙,然而这经过粗略加工的原石却显示出人类的智慧。猿人开辟了旧石器时代,成为从猿到人转变的重要标志。

石器的使用方便了人类向自然界索取各种食物。在围猎或者切割时，使用尖锐的石块会更有效率，还可用它们去挖掘地下的根茎。

出土的旧石器时代的石器大致可以分为两大类，即石核石器和石片石器。欧洲和非洲一些地区出土的石器多为石核石器，人们将一块原石的外部一点点敲去，剩下中间的核心，所以称为石核石器（图1-1）。我国出土的石器多为石片石器，简陋的石片石器中间的凹陷处便于用手握住使用（图1-2），这些薄薄的石片可用于砍木、刮削、挖掘、狩猎和加工猎物等。石片石器还可以根据不同的功能再分为刮削器、尖状器和砍砸器等。刮削器是在石片的一边或多边加工，后来的刀、斧就是由刮削器演化而来的；尖状器则是沿石片相邻的边加工成锐尖，以利于刺割，是矛头和镞等武器的前身。

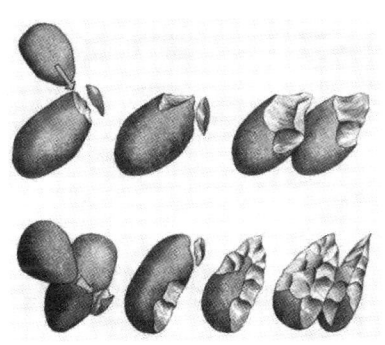
图1-1　石核石器的打制过程

图1-2　石片石器

随着时代的发展，大约在1万年前，人类进入新石器时代，石器的种类日益繁多，从最初比较粗糙、一器多用的较大石器发展为更为精细、一器一用的磨制石器。

磨制石器与打制石器相比，已具备了更加准确合理的器形，它们的用途趋向专一；增强了石器刃部的锋利程度，减少了使用时的阻力，使工具能发挥更大的效用。如果将石器打孔，还能使石制的工具比较牢固地捆绑在木柄上，便于使用和携带，极大地提高了劳动效率。在著名的浙江余姚的河姆渡文化遗址和西安半坡文化遗址出土了大量比较精致的磨制石器（图1-3），以及有穿孔的石器（图1-4）。

图1-3 河姆渡遗址出土的石斧

图1-4 半坡遗址博物馆的石斧复原物

石器的发展推动着人类生产力的进步，而生产力的进步又促进着石器的更新换代。例如，在砍伐树木的时候，石斧的作用显得特别突出，于是人类便摸索出磨制石斧的技术。当人类进入农牧社会后，石刀、石镰、石铲等一系列工具便是十分必要的了。现如今，人类使用的许多工具都能在石器时代的器物中找到它们的雏形，甚至在许多村落中仍能看见具有数千年历史的农业用具——石磨盘。

一件件石器承载着古人的勤劳与思索，今人可以通过它们去理解人类当时的文化，并继承它们传递下来的远古文化。

1.3　制绳与编织

中国是世界上最早从事编织活动的国家之一。原始社会后期，人们已经利用野生的葛、麻、野蚕丝等纤维，以及捕获的动物的毛羽，通过搓、编、织的方法制作成粗陋的"布"。此后相继发明了种麻索缕、养羊取毛、育蚕抽丝、纺纱织布等技术，发明了许多结构复杂的纺织工具，织染出了花色绚丽的布匹。中国是世界上首先驯化和饲养家蚕的国家，早在新石器时代晚期就培育出人工饲养的家蚕。

在我国出土的旧石器时代遗物中，已发现了石锥、骨针等用具。这些用具虽然极为简陋，却有可能开创了最早的纺织活动。

在山西许家窑10万年前的文化遗址中，出土了1 000多个狩猎用的石球，投掷这些石球，也许要用绳索编成的投石索，以保证投掷准确，所以推断，那时人们已经能够制作绳索了。

在原始社会，人类为了御寒，最初直接利用草叶和兽皮蔽体，由此发展出编结和裁切的技术。连接草叶要用绳子，缝缀兽皮也需要用锥子钻孔再穿入细绳，后来便演化出针线缝合。在距今18 000年前的北京周口店山顶洞人的遗物中发现了较为光滑的骨针（图1-5），这个骨针是迄今发现的最早的缝纫工具。

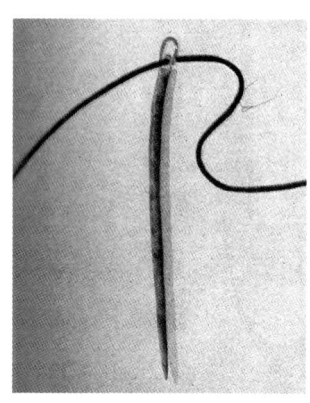

图1-5 骨针

距今约7 000年的河姆渡遗址里,出土了早期的麻线、纺锤与纺机零件,并且发现了使用蚕丝的痕迹。

夏代以后直到春秋战国,纺织生产在数量上和质量上都取得了很大的进步,缫车、纺车和织机等手工纺织机械先后被发明并不断发展,这些器具都使工作效率大幅度提高。春秋战国时期的纺织品已经十分精美,在"纺织"的基础上添加了艺术元素,各式各样的花纹、丰富的色彩使纺织物不仅是生活必需品,更成了交易的货物,甚至代替金钱成为买卖的货币。

那么,结实耐用的绳子和精美的纺织品是如何制作出来的呢?

首先看看绳子的生产方式。如图1-6所示,一根结实的绳子是由两到三股纤维相互叠加缠绕而成的。这些纤维的材料大多出自植物表皮,如坚硬粗糙的树皮里面有一层坚韧的内皮，剥下内皮并分成长条，即可作为编织的原材料。

将纤维相互缠绕后得到的绳子，抗拉强度大大提升。在编织时，如需加长，可错开线股，添加新的纤维。这样，一条结实的长绳子就制作出来了。

图1-6　将纤维缠绕成绳子

布料的纺织是先用类似搓绳子的方式将一根根细小的纤维纺成线，再使线相互交错，织成结实耐用的纺布。

织布的材料，最初用的是名为"葛"的植物的纤维，从汉到唐，"葛"逐步被"麻"所取代，而"麻"相比"葛"在材质上要细腻许多，现代社会中的许多人仍喜欢穿麻织的衣物。自元代之后，"麻"又为"棉"所取代。此后，棉花的生产水平不断提高，棉纺织技术发展迅速，百姓日常衣着由麻布逐步变为棉布。

除了身上穿的衣物，生活中常见的器物也离不开编织，比如筐、篓、席甚至桌椅、鞋帽等用具，在民间常用玉米皮、麦秸、柳条、荆条和竹篾等粗糙的原材料编织成物。

1.4　弓箭——冷兵器之王

新石器时代，人类活动日益频繁、多样，发明也多了起来，这使工作效率大大提升了。在人类活动中，狩猎是最困难、最危险并富于技巧的工作，人类的先祖开始是用石头和树枝去猎

杀各种飞禽走兽。在残酷的厮杀中，人类逐渐认识和学会使用尖锐的武器，并且为了避开自身肢体的弱点，开始思考如何减少近身肉搏，从更远的地方打击目标。

古代的远程武器，有投石、投枪、飞镖、吹箭……以及统治冷兵器时代的弓箭（图1-7）。

弓，素有冷兵器之王的美誉。人类使用弓箭有着悠久的历史，传说黄帝战蚩尤于涿鹿便是以弓矢取胜，那时的弓矢大多制作简陋，但容易上手，使它得到较为迅速的普及。随着制弓技术的进步，弓箭的精准命中性能使弓成了使用最为广泛的兵器之一。后来，又发展出弓的改良型——弩。

图1-7 弓箭是古代战争中重要的兵器

世界上许多国家或地区都曾大量生产并装备弓弩，而且具有地方特色，如英国的长弓和日本的竹弓等。

那么，为何弓箭在人类古代历史上如此重要呢？

在过去数千年的人类历史中，充满着连绵不断的战争，而弓箭则是战争中极其重要的武器，常言道："两军相遇，弓弩在先。"无论是用于攻城、守城，还是用于奇袭、伏击，弓箭不但轻巧灵便，而且具有射程长、命中率高的优点，甚至在火器问世之后仍长时间地统治着远程武器的世界。时至今日，在奥运会的赛场上，我们仍能看到神箭手的英姿。

从成书于春秋战国时期的《考工记》中可以看到，当时已有了比较合理的制弓规范，以及制作弓与箭的一些学问。

首先，在材料上，弓干要纹理正直、质地细腻、富有弹性，弓弦要强劲润泽、紧密不松弛，还需要用油漆防腐、用生物胶牢固黏合等。

其次，古代工匠在制作弓的时候，有"试弓定力"的环节来确认弓的等级：将一单位重的物体挂在弓干上，同时钩住弓弦，记下对应的长度变化，接着将两单位重的物体挂于弓干，也记下对应的长度变化，依次类推。制弓人根据这些实验数据可以得出物体形变与其应力成正比的力学关系。

然而，弓是怎样把箭矢准确地推送到数十步之外命中目标的呢？

在人拉开弓弦的时候，弓的每一个部分都发生了形变，主要发生变化的是弓干部分。每次拉满弓弦，弓干弯曲，储存了一定的能量，在松开弓弦的一瞬间，弓干在极短的时间内恢复原状，并使大部分储存的能量瞬间转到了箭矢上，使箭矢一跃而出，以很大的速度飞行，在击中目标时能形成强有力的冲击，从而造成极大的杀伤。

值得一提的是，男孩们玩的弹弓也与弓的原理类似。弹弓使用的"弓弦"大多可以大幅度拉伸，同时也容易波动，如皮筋，而弹弓的"弓干"多为铁或硬塑料制作，相对结实坚硬，

不易形变,所以弹弓虽然也运用了弹力的方式,但它却是利用了不稳定的"弓弦"所储存的能量。

在隋末,唐国公李渊喜欢射箭,在战场上有过上佳的表现(用70支箭射杀了70人)。他也要求他的几个儿子学习射箭的技术,并且要求甚严格,使他们的箭术都不错。据说,在先后与宋金刚、王世充作战时,李世民就连射数人,使敌人不敢接近。

还有,唐朝初期,突厥人在北方作乱,唐朝将军薛仁贵奉命征讨突厥。突厥军有十余万人,战斗一开始,突厥军派出数员大将前来挑战,薛仁贵镇定自若,持弓射击,三箭连发,对方三员大将应声落马。顿时,突厥军吓得乱作一团,纷纷投降。唐军几乎没有遭受损失便获得胜利,士兵们大多安全返回家乡,于是他们传唱起"将军三箭定天山,战士长歌入汉关"的歌谣赞美薛仁贵。

弓除了作为古代的远程兵器发挥着重要的作用外,在文化传统上也占据着一席之地。中国古代的公卿士大夫必须要学习的"六艺"中就有"射"这一技能(还有礼、乐、御、书、数)。在古代一些重要的场合,射箭是必要的礼仪,后来又衍生出了"投壶"的游戏。

在古代的一些文学作品中,有关弓箭的描写更成为故事的点睛之笔,如传说中的后羿射日。

春秋时期楚国将领养由基是中国古代著名的神射手,相传他能在百步之外射穿做了标记的柳叶,并曾一箭射穿7层铠甲,成语"百步穿杨""百发百中"便出自他精妙的箭术。

汉朝的飞将军李广曾夜巡山林,遥见草丛里卧着一只老虎,急忙张弓搭箭射中老虎,等到白天再去查看时,才发现原来是一块像老虎的巨石,这一箭透进石中。唐朝卢纶有诗称赞:"林暗草惊风,将军夜引弓;平明寻白羽,没在石棱中。"而"李广射虎"也成为一个广为流传的成语。

弓箭虽是战争的重要杀器,但有时也会成为减少争斗、促进和解的工具。

小说《三国演义》中写道,袁术手下大将纪灵引三万人马攻打刘备,刘备向吕布求援,吕布请双方前来饮酒。双方来后,吕布命人将方天画戟立于辕门之外,说道:"辕门离中军一百五十步。吾若一箭射中戟小枝,你两家罢兵;如射不中,你各自回营,安排厮杀。有不从吾言者,并力拒之。"随后一箭射去,果然射中小枝,使双方罢兵。吕布一箭平定纷争,使士兵们避免了互相厮杀,"辕门射戟"(图1-8)的故事也被后人传为佳话。

图1-8 《三国演义》中吕布辕门射戟

二、造纸术

在文字发明之后，人类将文字写在许多材料上，如莎草纸、泥板、甲骨、缣帛、竹板或木板之上；当西汉人发明了纸之后，书写材料就大致稳定下来了。

2.1 莎草纸和泥板书

在介绍纸这一伟大发明之前，先说说国外历史比较悠久的类似于"纸"的东西。在公元前3000年，古埃及人广泛采用一种书写载体——莎草纸，它所用的原材料是当时盛产于尼罗河三角洲的纸莎草的茎。纸莎草是一种水生植物，直立、坚硬、高大，好像芦苇一样生长在浅水中。纸莎草的叶从植株底部长出，覆盖了茎的下部，可高达90～120厘米；茎部不长叶子，可高达4～5米；花朵呈扇形花簇，长在茎的顶部。当时古埃及人就是利用这种草制成了莎草纸，这种莎草纸在干燥的环境下可以千年不腐，这一特性一度使得莎草纸成为法老时期重要的出口商品。古埃及人将莎草纸出口到古希腊、古罗马等古代地中海文明的地区，甚至也出口到了遥远的欧洲内陆和西亚地区，所以莎草纸也曾被希腊人、腓尼基人、罗马人和阿拉伯人使用，历3 000年而不衰。虽然莎草纸在埃及的干燥气候下可以长期保存，但是它在潮湿的环境下难以长期保存，所以当时古希腊和意大利使用这种莎草纸的著作最终大都失传了。古埃及的莎草纸虽然被认定为最早的书写载体之一，也被人们称为"纸"，但它是直接由植物加工而成的（将莎草茎秆中心的髓切成细长条，再把两层细长条压成薄片，可制成卷轴样的书籍或文件），与后来真正的纸差别很大。虽然莎草纸造价昂贵且原材料的局限性也非常大，但毕竟使人类的书写材料有了进步。莎草纸是人们利用大自然的资源而发明的书写载体，体现了古埃及人的创造力，虽然最终被羊皮纸和纸所代替，但莎草纸的历史意义依然重要，在研究古代的历史时离不开莎草纸所承载的文献（图2-1），可以说，它给人类留下了一笔宝贵的文化遗产。

图2-1　莎草纸画

在古代西亚地区有一种图书，其书写材料是一种泥板，上面所刻出的字就被称为"泥板书"（图2-2），它是古代西亚地区最原始的一种书体。这种泥板最早起源于西亚，历史与古埃及的莎草纸相仿，都起始于公元前3000年左右，后来慢慢地传到希

图2-2　泥板书

腊克里特岛和迈锡尼等地。泥板书的制作方法是，用黏土制成一块块规格相同、质量约为1千克的软泥板，然后用斜尖的木制"笔"在这些软泥板上刻写文字；在刻完文字之后，把这些软泥板放在阳光下晒干，之后再放入火中烘烤，就变成了坚硬的泥板。一块块泥板上刻有文字并带有标记，把这些泥板在木架上按照顺序放好，就可以供人使用了。在泥板上刻写的文字分为楔形文字和线性文字，因为在泥板上所刻写的文字不同，泥板书分为楔形文泥板书和线形文泥板书。

楔形文字是苏美尔人创造出来的，它属于象形文字之一，因为其笔画总是由粗到细，就像一个木楔一样，因而得名。楔形文字是自上而下刻写，演变为线形文字后是由左到右刻写。泥板后被羊皮纸取代。

泥板书是研究古代西亚地区的重要史料。泥板书上记录了当时各种事件，以及远古人们的生活和科学文化的发展，迄

今为止发现了几十万块泥板。至今挖掘出的泥板书，内容与法律有关的约占四分之三，其中有契约、债务清单、法庭裁判记录等，这些材料对于今人研究古代的历史文化有极大价值。还有300多块记载着数学内容的数学泥板书，这些泥板书多数产生于公元前1800年到公元前1600年之间。数学泥板书直到1935年以后才逐渐被译成现代文字发表，这些泥板中的学问不仅有利于人们去研究科学发展史，也有利于现代学者更加全面地了解古人的生活。

2.2 从甲骨到简牍

说起中国古人的书写材料，第一个就要提到殷商时期的甲骨，那时的人们在龟壳或者兽骨之上写字，这种文字今人称之为甲骨文（图2-3）。在刻写文字之前，人们使用甲骨进行占卜。在占卜前要先取材、锯削、刮磨，再用金属工具在甲骨上钻出圆窝（不钻透），在圆窝旁凿出菱形的凹槽。在占卜时用火灼烧甲骨，根据甲骨反面裂出的纹理（称为"兆纹"）来判断凶吉。甲骨文被认为是现代汉字的雏形，是现存中国古代最早且较为成熟的文字之一，也被认为是汉字的书体

图2-3 甲骨文

之一。商王武丁时期（公元前1238—前1180年）的甲骨最为完整，同时武丁时期也是现存甲骨数量最多的时期。

关于甲骨文的发现，还有一个故事。在清朝光绪年间（1875—1908年），有个叫王懿荣的人，是当时最高学府国子监的主管官员。有一次，他在煎药之前核查一味叫"龙骨"的中药，看见药材的上面居然有些纹理，看似文字，于是，他让家人把药铺中所有的"龙骨"都买了下来。他发现许多"龙骨"上都有图案，他确信这是一种古老的文字，研究后，他认为是殷商时期的。后来，人们找到了"龙骨"出土的地方——河南安阳小屯村，那里不断出土"龙骨"。因为这些"龙骨"主要是龟类与兽类的甲与骨，所以学者将上面的文字命名为"甲骨文"，相关的学问就称为"甲骨学"；又因为甲骨文是占卜活动留下的文字，也一度被称为"卜辞"。

随着时间的推移，文字又被铸刻在青铜铸造的钟或鼎上，这种方式也起于商代，盛行于周代。这些文字是在甲骨文的基础上发展起来的，因刻在钟鼎上，被称为钟鼎文，也被称为金文。钟鼎文有几千字，较甲骨文略多，它上承甲骨文，下启秦代小篆。刻在钟鼎上的文字比刻在甲骨上的文字更能长久地保存。

后来，人们又在石头上刻字。有"石刻之祖"的石鼓文（图2-4）是最早的石刻文字，被历代书法家视为习篆书的重要范本，有"书家第一法则"之誉。石鼓文与之前刻在钟鼎上的文字有较大区别，它的文字书风以工整严谨著称，笔画之间的间距十分均匀，线条粗细也一律相等。

早期刻在甲骨和钟鼎上的文字，由于书写材料的局限，难以广泛传播，所以直至殷商时期，掌握文字的仍只有

图2-4　石鼓文

上层社会的人士，这极大地限制了文化和思想的传播，这种状况一直到简牍的出现才得到较大的改变。在战国至魏晋时代（公元前480—公元420年），人类使用的书写材料多是削制成的狭长竹片或木片，人们在上面刻写文字，竹片称为简，木片称为牍，简牍是竹简（图2-5）和木牍的总称。在很长时间内，简牍是古代书籍最主要的形式，对于后世书籍的发展产生了较

图2-5　竹简

深远的影响。简牍的制作并不复杂，由竹或木加工而成，通常是削成长条形，将写字的一面磨光；竹质的还要在火上炙干，这道工序被称为"汗青"，又叫"杀青"，目的是使之易于着墨。很多枚简用麻绳或丝绳（讲究的用皮条）编连起来，称为"册"。一般编2～5道，通常视简的长度而定，大多数是先编后写。编连以后，书写时除少数的以外，大多上下都留有少许空白，犹如后来的纸质文献的天头地脚。简册的最前面的两枚一般是空白简，叫首简或赘简，这是后世书籍扉页的起源。木质的牍与简不同之处是加宽好几倍，有的宽到6厘米左右，个别的达15厘米以上，呈长方形，故又称为"方"。牍多用来书写契约、医方、历谱、过所（通行证）、书信等。

简牍材料的书籍分量重，体积大，阅读和携带起来都非常不方便。据说，西汉的东方朔向皇帝提交的一份奏折是由3 000个竹简组成的，必须由2个强壮的侍卫抬到大殿上。当时的所谓"学富五车"的大学者通晓5车书，其实5车简牍上没有多少字，字数很难与现在一本比较厚的书相比。

在春秋战国时期，人们还使用另一种书写材料，那就是帛，史书记载"越王以册书帛"（《国语·越语》）。帛的本意为白色丝织物，是一种初级丝织物，到了春秋战国时期，帛已经泛指所有的丝织物。当时，帛的用途是十分广泛的，其中一种用途就是作为书写文字的材料，这样写成的书就称为"帛书"（图2-6）。帛被用作新的书写材料是为了减轻书写材料的重量，不过丝绸的价格不菲,使之很难得到推广,只有少数皇家贵族才能使用,一般人根本用不起。当然把地图画在帛上还是不错的想法,把这样的地图折叠起来,携带很方便。据说,在东汉时期,蔡伦作为侍奉皇帝读书的太监,看见皇帝练习写字时用缣(jiān)帛,他感觉很浪费,于是就花大力气去改进纸的制作技术。到4世纪,纸开始被广泛使用,逐渐替代了简牍。

图2-6 帛书

2.3 纸的发明

纸的发明是人类文明发展史上具有里程碑性质的标志之一。作为记载事物和传播文化、进行文字和思想交流的最为普遍的媒介,纸比起甲骨、铜器、竹简、木牍要轻便得多。

汉朝非常重视知识的传播,知识分子承担着对社会进行教化的任务,还兴办一些学校,这导致早期的书写材料供不应求,

作为新的书写材料的纸就应运而生了。由于纸的品质还不够好,一开始并没有得到广泛的应用。

从技术上来看,造纸术应该起源于加工蚕丝过程中形成的漂絮。秦汉时期用比较差的蚕茧制成丝绵,其处理和加工方式称为"漂絮法",操作过程包括在箨席上反复捶打,以捣碎蚕衣,使之成为松软的丝绵,后来这一技术成为造纸术的打浆环节。在这个过程中箨席上会留下丝纤维,把这些零乱的丝纤维积累起来,然后晾干成一薄片,揭下来就可以用来写字。后来,人们还常用石灰水或者草木灰水为丝麻脱胶。造纸术就是借助这些技术发展起来的。

从造纸原材料来看,在造纸术发明初期,主要用的是树皮和破布,它们的主要成分是麻纤维。最初由于工艺简陋,造出的纸张质地粗糙,夹带着较多未松散的纤维束,表面不平滑,还不适宜写字,这也是最初纸张使用受到限制的原因之一。

到东汉和帝时期(89—105年),经过蔡伦(图2-7)的改进,形成了一套较为固定的造纸工艺流程。虽然之后工艺不断发展与完善,但是蔡伦的这套工艺流程一直发挥着作用。造纸技术的进步主要体现在两个方面:一是原材料方面,魏晋南北朝时已经开始利用桑皮、藤皮造纸,到了隋唐、五代时期,竹、檀皮、麦秸和稻秆等也都成为造纸原料,从而为造纸业的发展提供了丰富而充足的原料来源;二是设备方面,出现了更多的活动帘床,用一个活动的竹帘放在框架上,可以反复捞出成千上万张湿纸,提高了工效。

随着时间的推移,造纸术逐渐流传到其他国家。约4世纪末,在朝鲜半岛,百济在中国人的帮助下学会了造纸,不久高丽、新罗也掌握了造纸技术。此后高丽的造纸技术不断提高,到了唐宋时,高丽的皮纸反向中国出口。西晋时,越南人也掌握了造纸技术。610年,朝

图2-7 蔡伦

鲜和尚昙征渡海到了日本,把造纸术献给日本摄政王圣德太子,圣德太子下令推广全国,后来日本人民称昙征和尚为"纸神"。中国的造纸技术也传播到了中亚的一些国家,并由此通过贸易传播到了印度。

1990年8月,在比利时马尔梅迪举行的国际造纸历史协会第20届代表大会认定,蔡伦是造纸术的伟大发明家,中国是造纸术的发明国。

在美国人麦克·哈特的《影响人类历史进程的100名人排行榜》一书中,蔡伦被排在第7位,是技术发明家中的第1名;在科技人士中,他排在第2位,在他前面的只有牛顿,就连爱因斯坦也排在蔡伦之后(排名第10位)。由此可见,造纸术对人类历史进程的影响有多么大!

2.4 形形色色的纸

造纸术是中国古人长期经验的积累和智慧的结晶,下面以古纸的"年龄"为序简单地介绍一下。

西汉早期的放马滩纸(图2-8)是世界上发现的最早的纸。1986年在甘肃天水放马滩5号墓(公元前179—前141年)中发现纸地图一幅,纸薄而软,纸面平整光滑,上面用细黑红线条绘制出图像,如山体、河流、道路等。放马滩纸上的地图是目前世界上已知最早画在纸上的地图,同时也为西汉就有纸的说法提供了可靠的物证。

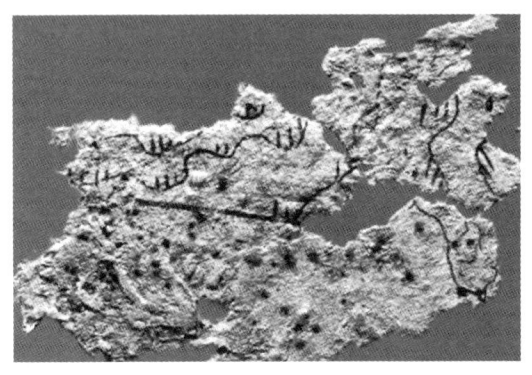

图2-8 放马滩纸

其次是西汉中期的灞桥纸。1957年,人们在西安东郊灞桥砖瓦厂取土时,发现了一座不晚于西汉武帝时代的土室墓葬,考古工作者在墓中发现了一叠纸,并把这些纸命名为"灞桥纸"。灞桥纸的颜色暗黄，纸面较为平整，柔软，呈薄片状，有一定强度。经过专家鉴定，发现其原料主要是大麻纤维，中间夹杂着少许苎麻，其纤维平均长度为1毫米左右，而且这种纸的原料经历了切断、蒸煮、舂捣及抄造等处理，只是加工水平尚低。

此外，还有1933年在新疆罗布淖尔发现的古纸（罗布淖尔纸）和1942年在内蒙古额济纳旗发现的古纸（额济纳旗纸），遗憾的是，"罗布淖尔纸"未经过化验就在第二次世界大战中毁于战火，"额济纳旗纸"在原发掘报告中也没有化验记录。西汉中期还有悬泉纸、马圈湾纸、居延纸，西汉晚期有旱滩坡纸。这些纸的年代比东汉蔡伦所造的纸要早150～200年，而且有些纸上还有墨迹文字，说明在西汉时期纸张已经用于文书的书写。

到了东汉和帝元兴元年（105年），蔡伦在总结前人制造丝织品的经验和以前造纸术的基础上，利用树皮、破渔网、破布、麻头等作为原材料，经过捣、抄、烘等一系列工艺加工，制成了适合书写的植物纤维纸，这样制作的纸很便宜而且质量也很好，从而使纸成为便于书写的材料。蔡伦造的纸被称为"蔡侯纸"，但据考证在东汉时期纸并未普遍使用，人们的书写材料依旧以简牍和缣帛为主。

在蔡伦改进造纸术之后，又有人不断把蔡伦的方法加以改进，其中最具有代表性的是左伯。在蔡伦死后大约80年出

了一位书法家兼造纸能手左伯,他对以往的造纸方法进行了改进,进一步提高了纸张质量,制造出当时最好的"左伯纸"。"左伯纸"洁白、细腻、柔软、匀密,色泽光亮,但是左伯所使用的原料和制作方法难以知晓。后人提到纸的起源时往往将左伯与蔡伦并列,如唐朝李峤《纸》诗中提到:"妙迹蔡侯施,芳名左伯驰。"

"左伯纸"的出现表明,在蔡伦改进造纸术之后造纸业进入了一个重要的发展阶段,造纸技术不断发展,后来各个朝代都出现了具有代表意义的纸张。

到魏晋南北朝时期,随着帘床纸模抄造技术的发明,纸的生产效率大为提高,所以东晋时期纸已基本代替了简帛。晋代还发明了施胶技术,就是在纸的表面涂一层淀粉糊剂,再以细石砑(yà)光,增加了纸的强度与抗水性能。后来在纸浆生产中也使用了施胶技术,即将动植物胶加明矾掺入纸浆中,用这种纸浆制成的纸称为熟纸。再后来,为了延长纸的寿命和增加美观,晋时又发明了染纸新技术,即从黄蘗(niè)中熬取汁液,用汁液将纸张染成黄色,有的先写后染,有的先染后写。黄蘗中含有小蘗碱,具有杀虫防蛀的效能。这种浸染的纸叫染黄纸,又因为呈天然黄色,所以又叫黄麻纸。除了黄麻纸,还有白麻纸,其纸面洁白、光滑,背面稍显粗糙,可见草秆或纸屑,这种纸质地坚韧、耐久,只要不受潮就不会变质。无论是白麻纸还是黄麻纸,纸纹(也称帘子纹)都比较宽,有二指左右,有的纸纹不明显。麻纸韧性好，有些流传至今的宋、元印本，虽历经几百年，犹完整如新。

隋唐时期诞生了一种著名的纸，因其产地在安徽宣州府（今安徽泾县），所以人们把这种纸命名为宣纸。这种质地优良的纸，地方官每年把它作为"贡品"献给朝廷。

宣纸属皮纸类，传说最早的原料是青檀的树皮，原料经石灰处理、日光漂白及打浆、抄造而成。由于宣纸选择原料严格，胶汁使用得法，制造技术娴熟、高超，所以制成的成品质地柔韧、洁白平滑、细腻匀整，色泽经久不变，而且不易蛀蚀，便于长期保存，有"纸寿千年""千年美纸""纸中之王"的美称，我国唐宋以来的书画作品多采用宣纸。宣纸品种繁多，按所用皮料的不同比例分为棉料、净皮、特种净皮三大类，共60多种，常见的有罗纹纸、棉连纸、玉版宣、单宣、十刀头、夹连纸等。

到了五代两宋时期，制纸业仍在继续发展。在北宋之前，南唐制造的"澄心堂"纸一直被公认为最好的纸，该纸色白、厚重、光滑、细密、坚韧。后来两宋的造纸原料扩展到麦与稻的秸秆，并开始将旧纸回槽，掺到新纸浆中用于造纸，称之为"还魂纸"。宋代还发明了水碓打浆工艺，并能抄造长3丈有余的巨幅纸，称为匹纸。宋代发明了纸药，即把植物黏液放入纸浆中作为飘浮剂。宋代生产的名纸还有谢公笺以及金粟山藏经纸、富阳小井纸和藤白纸等。

元明清时期是中国古代造纸技术的集大成时期,在总结和吸收历代造纸技术的基础上,生产出品种繁多、质量极高的名纸,包括仿制历代名纸及研制出一些新品种的加工纸。元代的名纸有明仁殿纸、观音纸、彩色粉笺等。明代造纸业的主要名品有宣纸和竹纸等,其中竹纸产量居第一位,加工纸中有名的是宣德贡笺,因其边上印有"宣德五年造素馨纸"而得名,它与宣德炉和宣德瓷齐名。清代加工纸品种繁多,尤以康熙、乾隆时期的制品最为精细,如康熙时新研制的梅花玉版笺,外表饰粉蜡,再用泥金银绘制图案,富丽堂皇,此外还有罗纹纸、发笺、云母笺、壁纸、侧理纸等。

从古至今,各种各样的纸的出现彰显着古代造纸业的不断壮大,这些纸张成为中华民族数千年文化发展传播的物质条件。

三、印刷术

印刷技术是在造纸技术之后中国又一重大的发明，为中国传统科技文化以及政治和经济的发展做出了重大的贡献，并且在东西方的科技文化交流中发挥了重要的作用。

3.1 前印刷技艺——印章和拓印

说到印刷技术，就要提到中国古代的印章制作。印章艺术是中国书法与雕刻相结合的艺术，具有极其重要的文化价值、历史价值和经济价值。印章的选材、布局、章法、刀法都饱含着古人古朴自然的审美观。

印章多用于签署文件，先蘸上颜料再盖印，还有些是用蜡或火漆，如信封上加盖的蜡（封）印和漆（封）印。印章的制作材质有金属、木材、石材、玉料等。"玺"是印章最早的名称，秦以前，印章都称为"玺"，秦统一六国后，规定皇帝的印章独称"玺"，其材料用玉，地方官的印章只能称"印"，且不能用玉，将军印一般称为"章"。汉代基本沿袭了秦朝制度，但限制已经放宽，有些诸侯王、王太后的印章也可称为"玺"。

唐朝的武则天因觉得"玺"与"死"音相近，改称为"宝"，唐至清"玺"与"宝"并用。印章的称呼还有"印信""记""朱记""合同""关防""图章""符""契""押"和"戳子"等，不一而足。

秦印使用的文字叫秦篆，秦书法和篆刻在中国文化史上占有重要地位。汉代的印章艺术可谓登峰造极，成为后世篆刻家学习的典范。两汉的将军往往是在行军中临时任命，任命后马上刻印，仓促之间以刀在印面上刻凿而成，所以又称"急就章"。两汉玉印（图3-1）在古印中是十分珍贵稀少的，一般制作精良、章法严谨、笔势圆转，

图3-1 汉玉印

粗看笔画平直方正，却全无板滞之意。魏晋的官私印都沿袭汉代，但不及汉印精美。

隋唐的官印，印面开始加大，许多官印的印背上有年号凿款，唐宋时代开始以隶书和楷书入印。隋唐的印章已直接用印色盖于纸帛，到文人画全盛时期的元代，由文人书写、印工镌刻的印章已与书画合为一体，起到了鲜艳的点缀作用，为书画家所喜爱。

古印的类别很多，如朱文印和白文印、子母印、六面印、

杂形印、图案印、成语印等。值得注意的是，在印章的发展过程中，它对印刷技术的发明产生了极其重要的影响，特别是刻出印版直接利用了刻印的方法。

与印章相比，拓碑是南朝才出现的一种较为原始的印制技术。拓碑也叫拓印（图3-2），是以薄纸覆在碑石上，先拍打使凹凸分明，然后上墨，显出文字或图形来。这种对碑石的内容进行再现与传真的手法，就是拓碑技术。南北朝时期拓碑技术就已经有了雏形，拓碑技艺的真正成熟则是在唐朝。一般比较优良的碑拓的特征是：墨色均匀、黑白分明，字迹清晰不渗墨，字迹完整不变形。

图3-2 琅琊台刻石的拓印

今天，拓碑技术仍值得去研究、继承和发展。因为拓碑技术有着不可替代的优越性，所以这门技艺长期以来都为考古和文史工作者所重视，它是我国古代宝贵的艺术遗产之一。此外，拓碑也像印章一样为雕版印刷术的产生提供了条件。

3.2 雕版印刷

印刷术是中国古代的四大发明之一，作为早期印刷术的雕版印刷术推动了世界文明的传播，从而也推动了整个社会的进步。雕版印刷术是一种重要的人类非物质文化遗产，它把中国的造纸术、制墨术、雕刻术、摹拓术等几种优秀的传统工艺凝聚在一起，形成了一种独特的工艺。

雕版印刷术是在一块平整且光滑的木板上雕刻图文再行印刷的技术。具体操作是，先在木板上粘贴抄写工整的书页，这些书页要薄而近乎透明，要把书页正面和木板相贴；然后雕刻工人用刻刀把木板没有字迹的部分削去，就成了（反）字体凸出的阳文（图3-3）。这和字体凹入的碑石阴文截然不同，而是像印章，可看作特大号的印章。印刷的时候，在凸起的字体上涂上墨汁，然后把纸覆在上面，用毛刷轻轻拂拭纸背，字迹就留在纸上了，这一点又像拓印（与拓印不同之处是先上墨再覆纸）。可见：

图3-3 印刷用的雕版

$$雕版印刷 = 印章 + 拓印$$

雕版印刷是最早在中国出现的印刷形式，现存最为著名的雕版印刷品是868年印刷的《金刚经》（现藏大不列颠博物馆）。

进入北宋后，雕版印刷的书籍量大增，楷书显然更适合雕版，并逐渐演变成宋体字。

雕版印刷术的发明和发展促进了文化艺术和科学的发达，推动了思想及社会变革，极大地改变了人类社会的面貌，所以它被世人称为"神圣的发明""人类文明之母"。雕版印刷在印刷史上有"活化石"之称。今天，扬州作为中国雕版印刷术的发源地，是中国国内唯一保存全套古老雕版印刷工艺的城市。

3.3 最古老的印刷品

今天，被确认为中国最古老印刷品的是《百万塔陀罗尼经》，该经是在770年印刷完成的，现保存于日本的法隆寺中。这部佛经是用木版印刷的，应该是通过宗教的渠道从中国流入日本的。从这部佛经可以看出，当时的印刷技术已经成熟。在韩国庆州佛国寺舍利塔内发现的《陀罗尼经咒》是与《百万塔陀罗尼经》同时期印刷的古经文，但时间要更早，被推定为740—760年的印刷品，只是一直未能确定其印刷地。

古代文献中记载的最早的雕版印刷品是《女则》。据说，唐太宗的皇后长孙氏生前收集了一些古代妇女的故事，并对事迹加以评论,编写出《女则》一书,贞观十年(636年),长孙皇后病逝,唐太宗下令用雕版将《女则》印刷出来。这说明,在636年之前已经有雕版印刷术。这是我国文献资料中提到的最早的刻本。

《金刚经》的全名是《金刚般若波罗蜜经》,1900年,在敦煌千佛洞,人们在整修洞窟时发现了一个秘密的复窟,里面堆满了古写本和古画。其中最珍贵的是咸通九年(868年)刊刻的《金刚般若波罗蜜经》(图3-4),这是现存的本身有确切纪年的最早的雕版印刷品。原卷长487.7厘米,高24.4厘米,共用6块雕版印刷,再加一张扉页画,粘连成一幅长卷。卷首的扉页画是世界上最古老的版画作品之一,内容是佛祖在祇园为须菩提长老说法的情形。卷末有"咸通九年四月十五日王玠为二亲敬造普施"题记,说明这部《金刚经》是一个叫王玠的

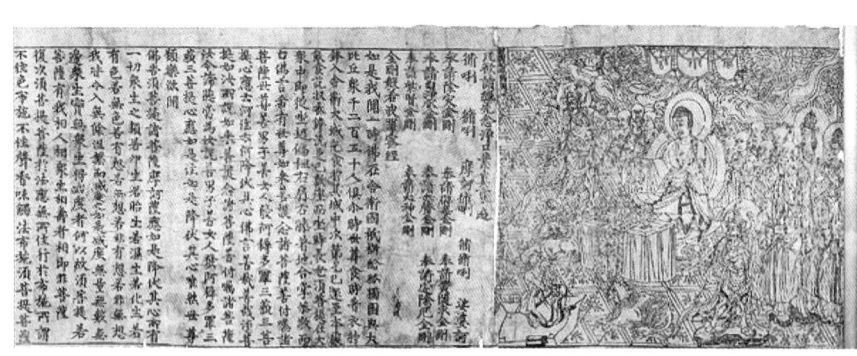

图3-4 《金刚经》刻本

人在唐懿宗咸通九年为他的父母祈福消灾而刻印的。这部雕版《金刚经》不仅版画水平精妙绝伦，书法艺术也有显著的特色，雕刻刀法精湛，字与字之间布白匀称，行与行之间排列整齐，在我国佛教美术史乃至世界文化史上都有不可替代的特殊价值。

《陀罗尼经咒》（图3-5）是我国国内现存的最早的印刷品，现藏于四川省博物院。此经为唐刻古梵文经咒，约一尺见方，纸张的原料为纤维较粗的黄麻纸，四周和中央印有小佛像，除左角稍破损外基本完好，图像生动，刀法圆润，纸张古朴，印刷清晰。此经咒边上题字中有"成都府"字样，而唐肃宗至德二年（757年）成都改称府，所以可以说明8世纪中叶后的唐代雕版印刷已经在四川成都流行。

图3-5 《陀罗尼经咒》

3.4 活字印刷术

1. 泥活字印刷术

泥活字印刷是指用胶泥制成活字模,在排好版后再施墨进行印刷。用于排版印刷的泥活字一般被制成反文单字。据北宋科学家沈括所著的《梦溪笔谈》记载,泥活字为庆历年间(1041—1048年)平民匠人毕昇所发明。刻工用胶泥刻成字模,每字一模,用火烧硬而成泥活字,用它们在铁板上排版和印刷(图3-6)。沈括称此法"若印数十百千本,则极为神速"。用毕昇发明的泥活字印书成功,标志着活字印刷术的诞生,比德国匠人谷登堡采用的(铅)活字印书技术早约400年。

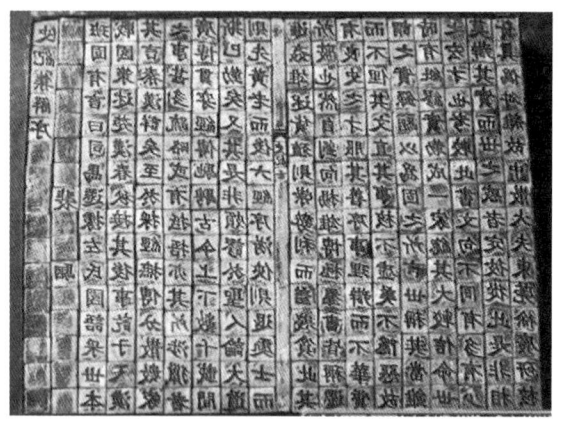

图3-6 泥活字版

泥活字印刷术的独特之处在于其制字材料——泥所具有的可塑性,烧一烧又会变硬。这种泥活字印刷术开了活字印刷制字、排版、印刷等工艺的先河，奠定了活字印刷术的基础，也启迪并促进了其他类型活字印刷术的发展，丰富了活字印刷术的种类，将活字印刷术推向新的高度。

实际上，早在商周时代的青铜器上，为了把阳文铸造在铜器表面就可能采用了阳文正活字来造泥模。古代印章也可能对泥活字印刷术的发明有过某种启发。

泥活字印刷术有一些不足之处，如字模硬度较低，特别是有些较窄的字画易断。为了克服这些缺陷，接着出现了木活字印刷术。

2. 木活字印刷术

木活字印刷术用的是木质反文单字。木活字是用梨木、枣木或者杨柳木雕成的，因为取材比较方便，成本不高，制字模又比较简单迅速，所以成为古代活字印刷史上常用的一种活字模。

元代王祯曾经对木活字印刷术进行研究，并进行了推广。他记述的制作木活字和印刷的操作方法是：先将写好的字样贴在木板上，照样刻好字后，锯成单字，再用刀修齐，统一大小高低；然后排字作行，行间隔以竹片，排满一版框，用小竹片等填平塞紧后涂墨铺纸，以棕刷顺界行直刷。同时，王祯还创制了转轮排字架，推动转轮，以字就人，便于取字还字。此后，木活字发展较快，不但有汉字的木活字，还有西夏文和回鹘文的木活字。进入明清，木活字更加流行，清代无论官署、私宅或坊间，用木活字印书都极为普遍。

我国现存最早的木活字印本《吉祥遍至口和本续》（西夏文佛经，图3-7）是考古工作者1991年在宁夏贺兰山腹地发现的，印本为9册，共220页，10万字，印在当地造的白麻纸上。《吉祥遍至口和本续》的出土为木活字印刷术提供了实物证据。北宋在科技（包括造纸术、制墨技术）、教育、文化艺术等方面取得了空前的成就，因而对书籍的需求量大增，从而推动了宋代印刷业的繁荣发展，史料记载西夏建国初期曾大量从北宋购买书籍，后来才逐步建立自己的雕版印刷业，所以出土的西夏时期的木活字印品具有重要的研究价值。

图3-7 《吉祥遍至口和本续》

3. 金属活字印刷术

在雕版印刷和木活字印刷的基础上，中国在12—13世纪发展出金属活字印刷。金属活字只是对非金属活字在用材上的改进，排版、印刷方面还是要借用非金属活字印刷原理和排印工艺程序。从非金属活字到金属活字，印刷材料和工艺上的革新推动了印刷技术的发展。

金属活字起源于用铜版印纸币。宋朝和金朝的纸币都是用铜铸印版印在特制的纸上，版面上有币名、面值、流通区域、印发机构、印造时间、严禁伪造及告发者赏等文字，还有装饰性花纹图案，这些内容都要设计和刻铸在版上。除此之外，为了防止伪造，还要加盖官印，为每张纸币加设"字号""料号"等编号，同时也表示发行数量，还有印造、发行机关负责官员的画押。这些部分并不在铜版上铸出，而是在印版上留出凹空，待印刷之时再将相应的字以活字填塞于凹空处，这样才能形成完整版面。印版为铜铸，版上填充的活字自然是铜铸活字，因此宋、金的纸钞是铜（雕）版印刷和铜活字印刷两项技术相结合的产物，而铜活字也随纸币的发行获得了长期的大规模应用。

铜活字书的大规模制作和流行则是在明代的弘治、正德、嘉靖年间（15—16世纪），其中最著名的是无锡的华姓和安姓印刷匠人，印书数量很多。明清两代还有创制铅活字的记载。清朝廷极其重视印刷业的发展，金属活字中最有影响的是"武英殿活字版"，最有名的内府铜活字印本当属《钦定古今图书集成》。清代铜版书的数量虽不及明代多，但流行范围之广和铸造之精致都超过了明代。

从印刷术的国外传播看，朝鲜王朝对印刷术的发展做出了

极其重要的贡献,特别是在铜活字印刷技术的发展上。这种技术成为朝鲜印刷术的特色,具有很高的水平,对朝鲜文化的发展起到了很大的作用。

3.5 扬州——印刷的圣地

扬州是一座历史名城,古诗中有"烟花三月下扬州"的句子。隋炀帝为了方便到扬州,发动兵民百万开凿出从淮安到扬州的一段大运河,沟通了淮河与长江两大水系。

扬州工商业发达,一度成为江淮地区的经济与文化中心,读书人云集于此,不但"出产"名人(如"扬州八怪"),而且逐渐形成了一个兴旺发达的刻书中心。清朝编纂的《四库全书》共抄写了7部,在扬州专门修建文汇阁贮藏了其中的一部,可见当时扬州文风之盛。

扬州的老名称中有一个是"广陵"(今人很容易联想起一首古代的名曲——《广陵散》),今天在扬州还有一家"广陵古籍刻印社",这家刻印社的历史已有300多年了,它的辉煌时期是康熙、雍正和乾隆年间,当时的刻工就有上千人。当时刻书的工序比较多,选好木料之后,要选字体。据说,在古代的扬州,刻书选字体是很讲究的,如果是官家的刻书坊,要用翰林所缮写的模本,要让刻工反复练习,直到刻工能刻出如此好的字体之后才进行刻印。在康熙年间,朝廷曾调集一批翰林到扬州编辑《全唐诗》,成书400多卷,由于扬州刻工的技术精湛，且效率非常高，只花了一年多的时间就完成了。

扬州在明清时成为中国的雕版印刷中心，民国时期战乱不止，扬州的雕版印刷事业受到了很大的影响，虽然在20世纪50—60年代有所恢复，但在"文革"时期遭到了更大的破坏，在"文革"之后得到了一定的恢复，特别体现在对古代遗留下来的印版的保护上。

过去雕成的印版是木制的，如枣木和梨木印版，而木材极易受到虫蛀。在收藏保存这些木制的印版时，每年都要用药熏的办法来处理，但仍然不能彻底地解决问题，雕刻匠人们对于被蛀坏的木版要重新补字。在补刻这些雕版时，老刻工要反复研究原版的字体和笔力，这样才能使新刻的字与旧版的字风格一致，看不出修补过的痕迹，达到"修旧如旧"的要求。

四、火药与火器

火药的发明,应归功于炼丹家(图4-1),在炼丹过程中,他们认识到,不能把硝、硫、木炭等贸然混合在一起烧炼,否则会发生爆炸、爆燃事故。传统火药由硝、硫、木炭等组成,由于是黑色的,被称为黑色火药。火药的发明和完善,经历了漫长的过程。黑色火药是中国古代的四大发明之一,是对人类文明的卓越贡献,在世界化学发展史上具有重要地位。

图4-1 古人的炼丹活动

4.1 炼丹术与火药

中国传统火药的基本成分是硝石（硝酸钾）、硫黄和木炭。硫黄也可以用雄黄代替，木炭也可以用油脂、沥青代替。发明火药的关键在于对硝石（又名焰硝）的识别及其性能的了解，并发展出一整套的加工和提纯工艺。

古人利用硝石的历史可追溯到很早的时代。初时，硝石也被写成"消石"，在战国时已被用在医药中。每当秋高气爽的季节，硝石通常呈皮壳状或盐花状析出来，覆盖在地面、墙脚，古人称之为地霜。人们扫取这种含硝石的泥土，收集在桶内并加水浸泡，过滤之后将滤液熬煮或晒干，就得到硝石结晶。

中国炼丹术兴起以后，方士更加重视硝石，不断摸索它的性质。在东汉问世的一部早期的丹经《三十六水法》中，硝石就是主角。

在南北朝时，著名的炼丹家和道士陶弘景提出了一种鉴定硝石的方法，即：

> 以火烧之，紫青烟起，云是真硝石也。今宕昌（在今甘肃）以北诸山有咸土处皆有之。

就是说，把真硝石放在火焰上一烧，它会使火焰呈紫色，与芒硝（主要成分是硫酸钠）不同，芒硝会把火焰染成黄色。这就是近代的焰色鉴定法，可见，古代的方士早在1 500年前就已经知道这种方法了。

唐代，炼丹家们先利用熔化的铅与硫黄反应生成硫化铅，然后加硝石一起炒，很快就会生成赤红色的铅丹（即四氧化三铅），而芒硝绝无这种功能，因此这也成为一种鉴定硝石的方法。唐代炼丹家更普遍地利用硝石的助燃性来鉴别硝石：把硝石投到赤热的炭上，就会猛烈燃烧起来；而把芒硝投火中，则先化成"水"，水蒸发尽后，变成白色似枯矾的粉末，与硝石不同。

硫黄的研究和利用较硝石要晚些。《神农本草经》记载，硫黄"能化金、银、铜、铁"，表明汉代已了解到硫黄能化蚀金属。汉初主要从西域得到硫黄，据记载，当时悦般地区（今新疆库车一带）有火山，"山旁石皆焦熔，流地数十里乃凝坚，即石硫黄也"。在汉代，中原一带也开始从黑色含煤黄铁矿（当时叫涅石，因是烧制绿矾的原料，所以也叫矾石）提取硫黄，那是一种制造绿矾（成分是硫酸亚铁）的工艺——在土坯砌成的窑中，把矿石和煤炭垒叠起来，点火焙烧，便发生如下反应：

$$FeS_2 + 2O_2 =\!=\!= FeSO_4 + S \uparrow$$

硫黄以蒸气的形式冒出来，然后在窑的顶部冷凝下来，所以东汉时硫黄又有"矾石液"的别名。硫黄由于可猛烈燃烧，因此被炼丹家们视为火石的精气；人们又称它为"将军"或"金贼"，大概是因为它能化蚀各种金属。在中国炼丹术中，硫黄是一个重要的角色。

中国炼丹术自始至终都把火炼作为一种主要的方法,而硝石、硫黄又都是最常用的药剂,所扮演的角色一个是"阴君"(硝石),一个是"阳侯"(硫黄),所以它们在丹鼎中相遇并被一起加热的机会是非常多的,如果再掺入些草药、油脂和蜂蜜之类的东西,就构成了一个原始的火药配方。当然,这就难免发生"炸鼎"之类的事故了。

唐代,一个方士写了一本炼丹术的书,书名叫《真元妙道要略》,书中写道:

有以硫黄、雄黄合硝石并蜜烧之,焰起烧手面及烬屋舍者。

他在书中提出警告:"硝石不可合三黄(硫黄、雄黄和雌黄)等烧,(否则)立见祸事。"对此,方士们一方面想方设法避免这种"祸事",在炼丹前预先使硝石、硫黄"变性",即采取各种各样的"伏硫黄法"和"伏硝石法",以制伏它们的"暴烈性格";另一方面也在考虑怎样的配方可以发生更加猛烈的爆炸和燃烧,他们相信这将大大加强火攻的威力,这就引导着方士们走向火药的发明和火器的研制的方向。

火药发明之后,匠人们不断改进它,设法增强它的威力。关于硝石的提纯,元代名医朱震亨在其《丹溪心法》中提到提纯芒硝之法,即把芒硝溶液与萝卜片同煮,然后再过滤和重结晶,在这个过程中,借萝卜的吸附作用清除了芒硝中的硫酸镁和一些盐分,使芒硝由"咸苦"变"甜",到明代,朱震亨的方法被应用到硝石的提纯上。明代初年的一部火药与火攻术专著《火龙经》和万历二十六年(1598年)赵士桢撰著的《神器谱》都记载了这种提纯硝石的方法：在溶解硝石后，先加些明矾和广胶再与萝卜同煮，这样经过滤、浓缩和结晶后，不仅镁盐而且原硝石中混有的细沙泥、石膏和铁质等杂质也都将一并被除去。到天启年间(1621—1628年)，军事技术专家茅元仪所撰《武备志》又改进了提纯硝石的方法：用灰霜(碳酸钾)来沉淀并清除硝石中的镁盐、钙盐和铁盐。显然，这种方法的效果优于"萝卜法"。

明朝对火药配方和性能也做了一些初步的理论探索，有关记载最早见于唐顺之的《武编》(1549年辑)，后来被茅元仪收入《武备志》，名之曰《火药赋》。唐顺之写道，"虽则硝硫之悍烈，亦借飞灰而匹配"，"硝则为君而硫则臣"，"烈火之剂，一君二臣"，"灰硝少，文虽速而发火不猛；硝黄缺，武纵燃而力慢"。这些记载对硝、硫、炭三种组分的作用和相互关系做了定性的说明，特别是明确了硝石在火药中的重要作用。明朝科学家宋应星在其名著《天工开物》(初刊于1637年)中对火药性能做了理论探索，他借用中国传统的阴阳转化之说，形象地描述硝硫在一定条件下发生的剧烈反应。他还进一步明确提出了与现代的"发射"和"爆炸"大致相当的"直击"和"爆击"两个概念。他记载，发射用的火药硝和硫的比例为9∶1，爆炸用的火药硝和硫的比例为7∶3，即硝硫比例与性能是有关系的,是对匠人经验的总结。宋应星在他的《论气》中写道:"惊声或至于杀人者,何也？……惊声之甚者,必如炸炮飞火,其时虚空静气受冲而开,逢窍则入,逼及耳根之气骤入于内,覆胆隳肝,故绝命不少待也。"这里的"惊声"就是那时对空气冲击波的认识,"炸炮飞火"即火药爆炸,火药爆炸后在空气中形成冲击波,可致耳聋、内脏损伤或致人死命。

总之,自魏晋南北朝以来,古代炼丹家已经掌握了硝和硫的许多知识,在长期的炼丹过程中,至迟在中唐的唐宪宗元和三年(808年)以前已经发明了火药,并在10世纪(五代末北宋初)运用于制造火器,炸弹用的火药和金属管形射击火器用的发射药等不断被制造出来,到明朝火药已很成熟,明朝后期科学家们还继续在理论上做了一些探索。

4.2 火药的发展

唐德宗时(780—804年),李希烈割据汴梁(今开封)并称帝,朝廷派刘洽去讨伐。在刘洽攻入宋州(今商丘)后,李希烈接受了方士的火攻计策,烧了刘洽的战棚和城上的防御工事,用的可能是装了火药的火箭。

唐哀宗天祐初年(904—905年),盘踞淮南的军阀杨行密(852—905年)的部将郑璠攻打豫章(今南昌)时曾以"发机飞火"烧了龙沙门,"飞火"可能是填充了火药的燃烧物。

到宋代初年,火药还仍处于初期阶段,火器正在加紧研制。

及至宋仁宗康定元年（1040年），曾公亮和丁度奉诏撰写《武经总要》（成书于1044年），其中正式记载了3个火药方。

第一个是火炮火药方，燃烧猛烈，用于焚烧敌人的辎重、粮草。配方为：

焰硝二斤半，硫黄十四两，窝黄七两，麻菇一两，干漆一两，砒黄一两，定粉一两，竹菇一两，黄丹一两，黄腊半两，清油一分，桐油半两，松脂十四两，浓油一分。

第二个是毒药烟球方，燃烧温度比较低，燃烧时冒浓烟毒气（因为其中掺入了草乌头、巴豆、狼毒等剧毒植物药及砒霜），用于杀伤敌人。配方为：

硫黄十五两，草乌头五两，焰硝一斤十四两，巴豆五两，狼毒五两，桐油二两半，小油二两半，木炭末五两，沥青二两半，砒霜二两，黄蜡一两，竹茹一两一分，麻茹一两一分。

第三个是蒺藜火球方，爆炸力较强，火药包爆炸时播散出大量铁蒺藜，可以阻挡敌军骑兵前进。配方为：

焰硝二斤半，硫黄一斤四两，粗炭末五两，沥青二两半，干漆二两半，竹茹一两一分，麻茹一两一分，桐油二两半，小油二两半，蜡二两半。

宋神宗熙宁年间（1068—1077年），朝廷设置了军器监，总管京师各州的军器制作，分工很细，已有专门研制火药的作坊。从此，火药的进步很快，到了北宋末年，已有"霹雳炮"和"震天雷"等爆炸性很强的武器，表明提纯焰硝（即硝石）的技术已很成熟。据北宋抗金将领李纲的自述，靖康元年（1126年），宋军曾用霹雳炮击退金兵对汴梁的围攻（"夜发霹雳炮以击贼，军皆惊呼"）。当时的炮弹已经以铁为外壳，据《金史》描述，"火药发作，声如雷震，热力达半亩以上，人与牛皮皆碎迸无迹，甲铁皆透"。这说明，当时的火药应已能爆轰，其组成和配方有了更大的改进。元朝火铳（筒）出现，火药已经用作金属管形射击火器的发射药。

明代的《火龙神器阵法》（作者焦玉，成书于1412年）基本上反映了14—15世纪及其前后火药技术的进展。在戚继光（1528—1587年）所著的《纪效新书》中，对火药配方和制造工艺均有详细记述：如果用硝一两，则硫占一钱四分，柳木炭占一钱八分，其比率为硝酸钾75.8%，硫10.6%，炭13.6%。这与现代黑火药的成分基本相同，可见当时制作火药的工艺已非常成熟。书中还记载了检验火药性能的方法："只将人手心擎药二钱，燃之，而手心不热，即可入铳。但燃过有黑星白点，与手心中烧热者，即不佳。"这说明已对火药燃速和反应的完全性提出了很高的要求。另外，戚继光在《练兵实纪·杂集》中记述：火药筒的火药要装得密实；中间要钻孔，以增大火药的燃烧面；孔要钻直，否则火箭飞出会偏斜；孔深要适宜，太浅则燃烧面小，产生燃气少，火箭飞得慢甚至中途坠地，太深会把药筒前端烧穿；孔径以能容纳3根引火线为好，火箭可飞得急而平。

4.3 喷火器和突火枪

最早的火焰喷射器形象发现于四川大足。四川大足的石刻颇负盛名,在这里的宝顶山大佛湾有一个小石窟,即北山第149窟(由窟外石壁上的题记可知,此窟开凿于南宋高宗建炎二年即1128年)。在这个窟中有两位神将,手持的应当是早期的手榴弹和铳炮。这种铳炮即喷火器,呈瓶状,点燃后能喷出火焰和球形弹丸,它与西方早期的铳炮类似,但时间上早了近200年。

北宋时期的《武经总要》中已介绍了早期火器"火箭"和"火球",也就是火药纵火箭和炸弹,这两种火器在宋太祖时(960—975年)已用于战场。

南宋时出现了管状火器。湖北安陆在南宋初年是德安府的治所,1132年,守军已装备了早期的竹筒火枪,两人一枪,辅以火牛战法,击退了来犯之敌。

据《宋史·兵志》记载,开庆元年(1259年)"造突火枪,以巨竹为筒,内安子窠,如烧放,焰绝然后子窠发出,如炮声,远闻百五十余步"。突火枪增加了"子窠","子窠"就是最原始的子弹,其中有碎瓷片、碎铁渣、碎石子等填充物,突火枪可在火药喷发时将"子窠"射出去。突火枪的形状大致可分为3段,前一段是一根粗竹管,中间段是略微膨胀的火药室(在外壁上有一个点火用的小孔),后段则是可手持的木棍

(图4-2)。突火枪发射时以木棍支撑枪身于地,一手扶住竹管,一手点火,在发出一声巨响后射出"子窠",最大射程可达300米,有效射程达100米。突火枪的发源地可能在寿春(今安徽省寿县),它的出现无疑是火器发展史上的一个重大进步,是后世发射弹丸的各种管状类火器的先祖。这种管状火器与早期

图4-2 突火枪

火枪不同的是,早期火枪只能喷射火焰烧人,而突火枪内装有"子窠",火药点燃后产生强大的气体压力把"子窠"射出去。"子窠"的出现,使火枪的性能大大提高,在不断改进之后产生了近代的枪炮。

4.4 令人胆寒的火箭

汉语中的"火箭"这个词最早见于史书《三国志》,魏明帝太和二年(228年),蜀军进攻陈仓(今陕西宝鸡东),魏国守军用火箭焚烧了蜀军攻城的云梯,守住了陈仓。这里的火箭是一种纵火箭,是在箭头后部绑上浸满油脂的麻布等易燃物,点燃后用弓弩射出,以达到纵火的目的。

火药发明后,靠火药燃气产生推力飞行的火箭虽仍沿用旧称,但含义已不同,新的火箭是一种依靠向后喷射燃气产生推力的兵器。这种火箭除了箭头、箭杆和箭羽,还有一个附在箭杆上的火药筒(图4-3)。火药筒的外壳为竹筒或纸筒,其中充

填火药，它的前端封闭，后端开口，筒侧小孔引出导火线。点燃导火线后，火药燃烧，产生大量气体并向后喷射，产生向前推力。这种火箭的速度提高了，锋利的箭头具有更大的杀伤力。中国古代火箭的外形图首次记载于1621年茅元仪编著的《武备志》中。

10—13世纪，在宋、金、元之间的战争中，使用了火枪、飞火炮、震天雷炮等火药武器。那时的飞火炮和现代的火焰喷射器相似，属于一种原始的火箭武器。至迟于12世纪中叶，火箭出现于战场。南宋时期（1127—1279年），用火箭车布成车阵。

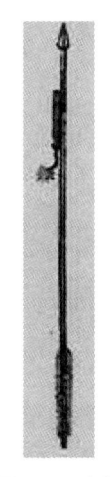

图4-3　火箭

到明朝时，制造火药筒的经验已相当丰富，研发出种类繁多的火箭武器，并广泛用于战场。明代的《火龙神器阵法》和《武备志》对各种火箭的制作、使用与维护方法，火药配方与用量，以及飞行与杀伤性能等均有详细记述，并有大量附图。

古代火箭的种类极多。例如，为了提高射程，在一支火箭上装两个同时喷火的火药筒，名之为"二虎追羊箭"；装有4个火药筒的火箭名之为"神火飞鸦"，这是最早的多火药筒并联火箭，射程可超过300米。

"飞空击贼震天雷"则是有翼火箭，除了装有火药筒和爆炸战斗部，两旁还各安凤翅一支，火箭加翼不仅可改善飞行的稳定性，还可借助风力增大飞行高度和射程。南宋绍兴三十一年（1161年），宋金采石之战所用的带着火光升空的"霹雳炮"，实际上也是一种火箭。

《武备志》中记载了十几种多发齐射火箭。例如，可一次发射20支的"火龙箭"，一次发射32支的"一窝蜂"，一次发射100支的"百虎齐奔箭"等。这些火箭装在一个筒形容器内，把各支火箭的药线连在一根总线上，作战时可并架数十桶甚至上百桶，"总线一燃，众矢齐发"。在明初的"靖难之役"中，明军曾使用过"一窝蜂"。这种多发齐射增加了射矢的密度，使火箭武器的杀伤威力得以大幅提高。

明朝戚继光率军作战时，曾将一种"火箭柜"固定在车上，以提高机动能力，还可用火箭车布成车阵。戚继光用的火箭分大、小两种，大的用纸筒盛火药，用荆木制作箭杆，药筒粗2寸，长7寸，箭杆粗6～7分，长5尺以上，全箭重2斤多，能远射300步。

中国古代的火箭中还有两种值得特别介绍，即二级火箭和往返式火箭。这两种火箭被称为"火龙出水"和"飞空砂筒"，它们是火箭技术史上的两大重要发明，均产生于14—15世纪的明代。

"火龙出水"是一种用于水战的两级火箭，它长5尺（约合1.6米），有龙身、龙头、龙尾，用毛竹杆制作龙身，在前后装上木制龙头龙尾，头尾两侧各装火箭一支，在龙腹内装火箭数支。发射时,先点燃头尾两侧的4支火箭,推动火龙前进;待4支火箭燃烧将完时,连接的引线引燃龙腹内的火箭,使它们向龙口飞出,继续飞向目标。"水战可离水三四尺燃火,即飞水面二三里去远,如火龙出于水面"。这是世界上最早的多级火箭。

"飞空砂筒"是最早的往返式火箭,分往返装置和发射筒两个部分。往返装置以薄竹片为身,制成圆筒,长2米多,筒径近5厘米;上装火药筒两个,筒口颠倒相向,前筒口向后,后筒口向前;前筒头上装置大爆竹一个,爆竹长22厘米,径2厘米,爆竹的药线与前火药筒内通连,外用几层夹纸把爆竹与前火药筒卷包在一处;爆竹的外圈装有毒砂,毒砂用细砂或石粉与毒药炒制而成,毒砂与爆竹封糊严密,后部的火药筒药线与爆竹相连;若水战用则在顶上装倒须枪(若陆战用就不必安装倒须枪)。发射筒用大毛竹制成,旧称"溜子"。使用时,先点燃前火药筒,往返装置射出,倒须枪刺入敌船帆并钩住,敌方人员必齐往救,此时爆竹爆炸,毒砂溅洒,损伤敌方人员的眼睛,并使后部的火药筒发动,再飞回本营,使敌方摸不着头脑,造成恐慌。飞空砂筒的设计思想确实很高明。

火箭技术也被用于具有科学意义的试验。明朝初年,有一位名叫万户的人利用火箭进行了载人飞行的最早尝试。他在一把坐椅的背后装上47个当时能购得到的最大的火箭,并把自己捆在椅子上。他两手各拿着一个大风筝,然后同时把这些火箭点燃。很不幸,万户因火箭爆炸身亡。然而,万户被公认为世界上第一个试图利用火箭来飞行的人。

4.5 鸟铳和碗口铳

火铳又称"火筒",是中国古代重要的金属管形射击火器。火铳通常分为两种,一种是单兵用的手铳、鸟铳,轻巧便捷;另一种是城防和水战用的碗口铳、盏口铳和多管铳,威力巨大。鸟铳又称鸟嘴铳、鸟枪,是明清时期对火绳枪的称呼,明嘉靖时传入中国,在明末清初之时还从国外引进了佛郎机炮和红夷大炮,它们的出现,使中国火器的发展进入一个崭新的阶段。

鸟铳的主要特点首先是铳管前端安有准星,后部装有照门,这两个部件构成的瞄准装置大大提高了射击的精度;其次还设计了弯形铳托,发射者可将脸部一侧贴近铳托射击,便于瞄准;再次是铳管比较长,铳管的长度和口径的比值在(50∶1)~(70∶1)之间,细长的铳管使火药在膛内燃烧充分,能产生更大推力,使弹丸出膛后获得的初速较大,增强了杀伤力,并获得较远的射程。鸟铳用火绳来点燃,铳管用精铁制作,精铁制成的铳管坚固耐用,射击时不会炸裂。

明嘉靖年间(1522—1566年)火绳枪传入后,经过仿制和改制得到广泛的应用,在不太长的时间内成为明军装备的主要单兵射击武器。万历年间(1573—1619年),火绳枪的研制又有许多进展,当时的火器技术专家赵士桢仿制成功"噜密铳"

（土耳其火绳枪），并研制成各有特色的火绳枪10多种，以及多种其他火器和战车，还撰写了《神器谱》等火器论著多部。

鸟铳的出现引起了明朝军队装备的重大变化，后来成为明、清军队的主要轻型火器之一。《明会典》记载，嘉靖三十七年（1558年）一年之中即造鸟铳1万支。戚继光《练兵实纪》（1571年刊行）记载，"戚家军"步营有2 699人，装备鸟铳1 080支，约占40%。清康熙三十年（1691年），置内外火器营，其中内火器营3 920人，有鸟枪护军2 512人，占64%。雍正十年（1732年），在驻吉林的八旗兵中设鸟枪营，有士兵1 000人，随即在广州、福州和宁夏等许多地方设立了鸟枪营，成为清军中新的兵种。

鸟铳点火时易受风或雨的影响，还要注意保存好火种，这些限制有时会产生不利的后果。在1619年萨尔浒之战时，明军西路军在萨尔浒山上见努尔哈赤的八旗军来攻，即令各队结营列队以待，当后金军进至山下时，即刻下令开炮轰击。战幕方拉开，天降大雾，弥漫山谷，视线不清，咫尺之外难分敌我，明军人人恐惧，个个心慌，便点燃松枝当火炬。这恰好把自己完全暴露在金军面前，金军向着火光射箭，箭无虚发。明军虽有火炬用于点燃鸟铳，但因在明处，难寻目标，非但未能伤敌，自己反吃大亏。加之鸟铳使用的黑色火药惧潮湿，在雨雪中使用不便，而萨尔浒之战又正好在雨后，湿度大，潮湿的天气使鸟铳难以发挥威力。所以，八旗军愈战愈勇，步步逼近，最终攻入明营，一举夺取了明军的萨尔浒山营寨。在这场战役中，由于气象的原因，鸟铳的缺陷暴露无遗。

碗口铳（碗口炮）是一种小型火炮，身管短，射速慢，射程近。位于北京公主坟东的中国人民革命军事博物馆收藏的一门明洪武五年（1372年）造的大碗口铜铳（图4-4），铳口口径110毫米，身管直径58毫米，全长36.5厘米，重近16千克。该碗口铳管壁厚，药室部有较明显的隆起，身管加铸数道箍，已经能承受较大的膛压。

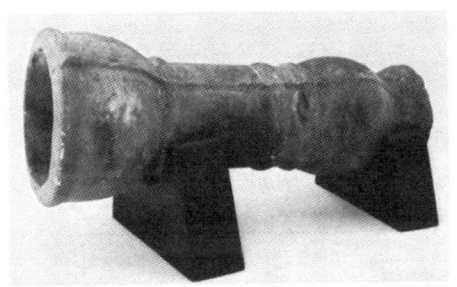

图4-4 碗口铳

碗口铳的铳口虽大于身管口径，但实际上并不能增加火炮的威力，为此，明初又制造了身管较长的直筒形火炮。山西省博物院收藏有3门洪武十年（1377年）造的铁炮，口径210毫米，全长100厘米，两侧有双炮耳，可用于调整火炮的射击角度，这是迄今所知中国最早带有炮耳的铁铸火炮。这种大口径直筒形火炮，显然会增大火炮威力，表明早在14世纪下半叶中国古代火炮已发展到一个新的水平。

明朝前期，火炮已成为军队的重要装备，军器局所制造的火炮有盏口炮、碗口炮、神机炮、旋风铜炮、将军炮（"将军"一词常作为具有较大威力火炮的封号）等十余种。据《明会典》记载，弘治（1488—1505年）以前，明政府军器局所制造的各种火炮中，碗口铳的数量为每年1 000门。

4.6 佛郎机和红夷大炮

佛郎机是15世纪后期至16世纪初期流行于欧洲的一种火炮（图4-5），能连续开火，射速快。17世纪初，国外的新式火炮是由葡萄牙人传入中国的，明代称葡萄牙为"佛郎机"，所以就将这种炮命名为"佛郎机炮"或简称"佛郎机"。佛郎机炮是一种铁制的后装滑膛加农炮，整炮由炮管、炮腹、子炮3部分组成，开炮时先将火药、弹丸填入子炮中，然后把子炮装入炮腹中，引燃子炮火门进行射击。佛郎机的炮腹相当粗大，一般在炮尾设有转向用的舵杆，炮管上有准星和照门。限于当时的技术水平，佛郎机炮的缺点是子炮与炮腹间缝隙公差大，造成火药气体泄漏，因此不具备远射程。

图4-5 佛郎机炮

红夷大炮（图4-6）也常常被称为"红衣大炮"，这是因为当时明朝将所有从西方进口的前装滑膛加农炮盖以红布，所以讹为"红衣大炮"。

图4-6　红夷大炮

红夷大炮的炮管长，管壁很厚，而且是从炮口到炮尾逐渐加粗，符合火药燃烧时膛压由高到低的原理；在炮身的重心处两侧有圆柱型的炮耳，火炮手能以此为轴来调节射角，配合火药用量改变射程；设有准星和照门，依照抛物线来计算弹道，精度较高。多数的红夷大炮长3米左右，口径110～130毫米，重量在2吨以上。红夷大炮最突出的优点是射程远，对重型火炮而言，射程是衡量其性能的重要指标，即使现今也不例外。明朝自制铁火铳的最大射程不超过3里，而且要冒炸膛的危险，而一般的红夷大炮可以打到7~8里外，甚至最远可达10里。红夷大炮成了明朝末期对抗后金铁骑的最强武器，为此，明朝在关内加紧造炮。当时的战法是：将后金的骑兵诱入红夷大炮射程内，然后用红夷大炮射击，效果非常显著。

说起红夷大炮的威力，历史上有一场战役，就是借助红夷大炮以少胜多的城邑守卫战，史称"宁远大捷"。天启初年，后金军继沈辽之战获胜后，又克广宁等40余城堡并企图进兵山海关，宁远已成为最后的堡垒。面对后金的凌厉攻势，明朝将领袁崇焕力排众议，在友军撤退的情况下死守宁远。天命十一年（1626年，天启六年）正月十七日努尔哈赤亲率后金军约6万人，西渡辽河，直逼宁远。明军主力龟缩山海关，拥兵不救。前有劲敌，后无援兵，形势险恶。袁崇焕临危不惧，坚壁清野，组织全城军民共同守城。袁崇焕在城上配置红夷大炮11门。廿三日，后金军进抵宁远，于城北5里处扎设大营。努尔哈赤劝降未成即筹划攻城。袁崇焕命城北守军向后金军大营燃放红夷大炮，后金军伤亡惨重，努尔哈赤被迫将大营西移。廿四日晨，努尔哈赤发动攻城战，命后金军攻城西南角，万矢齐射城上，给明军造成了不小的伤亡，明军用红夷大炮击退后金军且杀伤后金军甚众。明将祖大寿率军支援，明军铳炮齐发，药罐、礌石齐下，后金军死伤累累。努尔哈赤命移兵攻城池其他方向，都被袁崇焕用大炮击退。努尔哈赤因此役兵败，抑郁成疾，于八月十一日病卒。此战，明军巧用红夷大炮以少胜多，也使后金军认识到红夷大炮的威力。1639—1642年，明清双方的"松锦大战"，双方均使用了红夷大炮，仅松山一役，清军就向阵前调运了红夷大炮37门，炮弹上万颗，火药上万斤，最终清军大胜。

4.7 娱乐中的火药

火药不仅用于军事，在中国春节期间人们也燃放爆竹、烟花以贺岁。

北宋末年，每当暮春三月、草长莺飞之时，宋徽宗就驾临宝津楼观看"百戏"，有驯兽、杂剧、舞蹈、杂技等多项节目，上个节目结束后，就燃放"爆仗"为信号，作为下个节目的开始。这是目前所见关于鞭炮的最早记载。

宋代燃放鞭炮、焰火相沿成习，冬至、除夕和元旦（即今天的春节）等节日皆放焰火。宋皇室游幸、庆寿也观看焰火。宋孝宗时，太上皇游西湖要有焰火，热闹非常。上元节日，宋理宗在宫内请皇太后观赏焰火，一只"地老鼠"突然窜到太后座下，太后惊恐，理宗大怒，欲杀主持人，而太后却笑曰："终不成特地来惊我，想是误耳，可以赦罪。"主持人方免于难。

焰火、鞭炮在宋代开始从宫廷走向民间，祭神时要放鞭炮、焰火，一些娱乐场所的表演也以此为内容。南宋临安城内出现专卖焰火、药线的店铺，当时多集中于西湖断桥一带，著名的制造焰火的工匠有陈太保、夏岛子两家。每逢春节，大街小巷诸货杂陈，叫卖声不绝，其中就包括鞭炮、焰火之类。

明代用火药制造的娱乐用品更加繁多。《明宪宗行乐图》真实地描绘了皇宫内喜庆佳节燃放焰火的场面（图4-7）。今北京灯市口一带是当时的灯市，每年正月初八到十八日是灯节，入夜后，万盏灯具齐放光明，而燃放的成架焰火更把热烈的气氛推向高潮。明代成架焰火造型奇异，结构复杂。小说《金瓶梅》中关于西门庆在自家门前放焰火的插图就生动地反映出明代各地民间庆佳节的习俗，所燃放者就是成架焰火。

图4-7 《明宪宗行乐图》(局部)中施放焰火的画面

清代焰火制造业尤为发达。有一种大型的盒子灯，盒内分若干层布置故事形象，各层间以药线相连，并装有多种花炮，点燃后鞭炮轰鸣，焰火喷涌，故事形象自盒内层层展现，各种人物、花卉、什物令观赏者惊叹不已。除此之外，焰火、鞭炮的其他品种还有双响飞震天雷、升高三级浪、地老鼠、飞水老鼠、霸王鞭、竹节花、泥筒花、金盆捞月、叠落金钱、烟花杆子、线穿牡丹、水浇莲、旗火、飞天十响、五鬼闹判、八角子、天地灯、小黄烟、千丈菊、大梨花、滴滴金等，种类繁多，丰富多彩。

五、指南针

中国的方位文化经历了3个阶段,先是利用天象观测的方法来定位,再过渡到磁性定向技术即用磁石制成司南的方法,最后由指南鱼演变成指南针。在这样一个漫长的过程中,中国人测定方位的技术不断完善。

5.1 司南

在春秋战国时期,农业生产的兴盛发达促进了采矿业和冶炼业的发展。在长期的生产实践中,人们从铁矿石中认识了磁石。人们先发现磁石可吸引铁(在《管子》和《吕氏春秋》中具有吸铁的神奇特性的石头被称为"慈石"),后又发现磁石的指向性(指极性)。司南(图5-1)是中国古人辨别方向用的一种

图5-1 司南

仪器,是中国人在长期的实践中基于对物体磁性认识的发明。

最初记载司南的是战国时期的典籍《鬼谷子》:"故郑人之取玉也,载司南之车,为其不惑也。"中国著名科技史学家王振铎根据战国时期典籍《韩非子》中的记载和东汉时期思想家王充写的《论衡》中"司南之杓,投之于地,其柢指南"的记载,考证并复原了勺形的指南器具:磁石的南极(S极)磨成长柄,放在青铜制成的光滑如镜的底盘("地盘")上,再铸上标注方向的文字。磁勺在底盘上停止转动时,勺柄指的方向就是正南,勺口(N极)指的方向就是正北。这就是世界上最早的磁性指南仪器,被称为司南。

5.2 指南鱼和磁化

大约在北宋初年,继司南之后,我国又创制了一种指南工具——指南鱼(图5-2)。

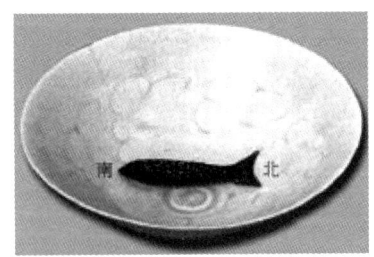

图5-2 指南鱼

在《武经总要》(曾公亮著)中记载:行军的时候,如果遇到阴天黑夜,无法辨明方向,就让老马在前面带路(即民间所说的"老马识途"),或者用指南车和指南鱼辨别方向。《武经总要》这部书是在北宋仁宗庆历四年(1044年)以前写成的,这就是说,至少在1044年,中国人已发明了指南鱼,并把它应用到军事活动中。

指南鱼是用一片薄薄的铁片制作的指向器,它的形状很像一条鱼。它有两寸长、五分宽,肚皮要凹下去一些,使它可以浮在水面上。铁片没有磁性,要使它带磁性必须进行磁化,使它变成磁铁。

具体来说,《武经总要》中所记载的磁化方法是:把薄铁片剪裁成长2寸、宽5分的鱼形,在烧红之后,把烧红的铁片放置在子午线的方向上,用地磁场将铁片磁化(使铁原子的磁矩有序排列),而以一定角度放入水中,磁化效果更好。中国古人发明用人造磁铁制作指南鱼,这是一个很大的进步。

在南宋,指南鱼得到了改进,它的制作方法与《武经总要》一书记载的很不一样:用木头刻成鱼形,有手指那么大,木鱼腹中置入一条天然磁铁,磁铁的S极指向鱼头,用蜡封好后,从鱼口插入一根针,就成为一种新型指南鱼。将这种指南鱼浮于水面,鱼头的针指南,所以这种指南鱼也被称为"水针"。上述制作方法记录在宋代的《事林广记》中。这种"水针"后来演变成"水罗盘"。

南宋的古人们还创制了一种指南工具——指南龟(图5-3)。先用木块刻成龟形,龟腹部中心嵌以磁体,木龟安放在尖状立柱上，静止时首尾分指南北。具体做法是：将一块天然磁石放置在木刻龟的腹内，在木龟腹下方挖一光滑的小孔，对准并放置在直立于木板上的顶端尖滑的竹钉上。由于支点处摩擦力很小，所以木龟可以自由转动指南。这种指南龟也被称为"旱针"，后来还演变成"旱罗盘"。

这些发明说明，中国古人在九百多年前就已具有相当丰富的磁的知识了。

图 5-3　指南龟

5.3　指南针与磁偏

指南针的发明经历了一个漫长的过程，是慢慢改进的结果，如唐代堪舆家的活动相当活跃，并开始寻找比磁勺更方便的指向器。

在磁性指向器的发展中，针状的形制无疑是具有重要意义的。对于磁针的形制，北宋科学家沈括（1031—1095年）总结出4种不同的装置。

第一种装置是把磁针横穿在灯芯草上,然后放在水面上,这种方法的缺点是"多摇荡"而不稳定。

第二种和第三种装置是把磁针放在指甲或碗唇上,优点是运转灵活,但缺点也明显,即非常不稳定,易掉落。

第四种装置是用悬丝系住磁针,它避免了上面3种装置的缺点,而且运转也很灵活,但是要选好悬丝。沈括指出,要选取新纩中的独茧缕,因为这种蚕丝的纤维组织的弹性及韧性都很强且匀,不易扭转,同时,用蜡黏合独缕,使之不会结纽,这样就使指南针不会因受到干扰而转动不止。

沈括不仅对改进指南针的贡献很大,而且在研究磁针时,他发现,用磁石磨成针就能够指南,这是一种很有效和很简单的方法。他还发现,磁针常偏东,不是指正南,这就是地磁偏现象,这是一个极其重要的发现。

不过,沈括还不是最早发现磁偏现象的,北宋杨惟德在1041年完成的《茔原总录》中也有类似的记载。西方类似的发现是哥伦布(1451—1506年)于15世纪90年代在横渡大西洋时取得的。

磁偏现象并非都是"微偏东"的。《明史·天文志》中已经明确指出,各地的磁偏现象是不同的,并且记下了京师的地磁偏角。磁偏现象的发现对于准确定方向是有重要意义的。

综上所述,指南针的发明源于中国古人对定向问题的研究,也表明古人对定向问题的重视。古代中国人将指南针用于军事和航海的活动,也用于堪舆术,后来辗转传入欧洲,在欧洲的航海活动和地理大发现中发挥了不可替代的重要作用。

5.4 指南车

指南车(图5-5)的发明要比指南针早得多,传说西周时就已发明,甚至还有黄帝发明指南车的说法,但较为确切的记载应该是在三国时期。魏国的马钧是第一个成功地制造指南车的人,从此开始,历代史书几乎都有关于指南车的记载,但都比较简略。直至宋代才有指南车的完整资料,《宋史·舆服志》详细地记载了燕肃和吴德仁所造指南车的结构和技术规范,成为机械史上宝贵的工程学文献。指南车利用齿轮传动系统和离合装置来指示方向,使车子转向时木人手指保持指南。

图5-4　指南车

指南车可自动离合的齿轮传动机构的作用机制是,当车子在行进中偏离正南方向,如向东(左)转弯时,东辕前端向左移动,后端向右(向西)移动,将右侧传动齿轮放落,使车轮的转动能带动木人下方的大齿轮向右转动，恰好抵消车辆向左转弯的影响，使木人手臂仍指南方；当车子向西（右）转弯时，则将左侧的传动齿轮放落，使大齿轮向左转动，以抵消车子右转的影响；车子向正前方行进时，车轮与齿轮系是分离的，因此木人手臂所指的方向不受车轮转动的影响。如此，不管车子的运动方向如何变化，车上木人的手臂总是指向南方，从而起到指引方向的作用。

指南车出现后，许多朝代都由于战乱而使指南车毁坏，此后又多有复制。指南车在皇帝的仪仗队中是不可少的，皇帝所用指南车的规格很高，车身高大，装饰华美。指南车使用到宋代，在宋朝国都南迁后，未见再研制指南车，指南车从此绝迹。

可见，指南车与指南针无关，指南车是一架借助离合装置保持指向不变的机械，而指南针是磁性的，结构极其简单，也常产生地磁偏现象。

附 四大发明的传播

中国的四大发明造纸术、印刷术、火药、指南针（图5-5）在欧洲近代科学文明产生之前陆续传入西方，对西方社会的发展产生了一定的影响。印刷术的传入改变了只有僧侣才能读书和受教育的状况，方便了文化的传播；火药和火器的使用摧毁了维护封建制度的贵族和骑士；指南针传到欧洲航海家的手

萌芽与花朵
——古代的科学技术

里，使他们得以发现美洲和实现环球航行，为西方奠定了世界贸易和工场手工业发展的基础。

图 5-5 四大发明的特种邮票

东汉的蔡伦在总结前人经验的基础上改进了造纸术之后，在 4—7 世纪，造纸技术逐渐传入朝鲜和日本，也经由中亚向印度、西亚、埃及和欧洲传播。1150 年，西班牙建立了欧洲第一家造纸厂，开始大规模造纸，一些欧洲国家也相继建厂造纸。到 16 世纪，纸张已经成为欧洲的日常用品。

隋唐宋时期，中国人先后发明了雕版印刷术和活字印刷术。雕版印刷术约在 8 世纪传入阿拉伯地区，11 世纪后经由阿拉伯地区传播到了欧洲，12 世纪传到埃及。后来，随着造纸术的传播，纸张先后取代了莎草纸和羊皮纸等书写材料，造纸术和印刷术一起在欧洲得到更大范围的推广，这发生在 14—15 世纪。

德国思想家和哲学家卡尔·马克思在1861年写的《政治经济学》中指出，印刷术是"对精神发展创造必要前提的最强大的杠杆"。马克思的朋友、另一位思想家和哲学家恩格斯曾在1840年专门写了一首诗《咏印刷术的发明》来赞颂印刷术，恩格斯写道：

你是启蒙者，

你是崇高的天神，

现在应该得到赞扬和荣誉，

不朽的神，你为赞扬和光荣而高兴吧！

而大自然仿佛是通过你表明，

它还蕴藏着多么神奇的力量。

在唐朝，中国人就已经发明了火药。在两宋、金、元各个朝代，由于军事上的需要，火药都有很大的改进。在8—9世纪，硝石由中国传入阿拉伯地区，但只用于医药、炼丹、制造玻璃。由于硝石的颜色洁白，故被称为"中国雪"。宋朝时火器已经成了战争中常用的装备，蒙古人从与宋、金交战中学会了制造火药和火器的方法。13—14世纪，随着中国与西亚的贸易往来，特别是蒙古人两次大规模的西征，火药和火器技术被传到阿拉伯地区，阿拉伯人把焰火、火器称为"契丹花""契丹火枪""契丹火箭"。大约在13世纪后期，欧洲人又从阿拉伯人的书籍中获得了火药知识，到14世纪前期，又在"十字军东征"中学到了制造火药和使用火器的方法。火药的传入引发了武器制造、装备、战略、战术上一系列变化，在欧洲社会、经济领域产生了重要影响。欧洲最早的金属铳炮形象见于1327年瓦尔特·德·米拉梅特的手稿《论国王的智慧和精明》的两幅插图中，它的外形和内部构造与中国四川大足佛窟中的铳炮十分相似，或许这种火器来自东方。

南宋时，指南针在航海中已经应用得十分普遍，也就在这个时候，指南针被传入阿拉伯地区。到13世纪初，指南针传入了欧洲。

六、陶器和瓷器

一般地讲,陶瓷是陶器和瓷器的合称或简称。其实,这两种器物是很不同的,陶器的起源可追溯到史前时代,是全人类共有的发明,而瓷器是中国人独有的发明。

比起陶器,瓷器至少有3个特点:①瓷器原料提高了三氧化二铝含量,降低了三氧化二铁含量,使胎质呈白色;②瓷器的烧制温度超过1 200摄氏度,胎质致密、不吸水,叩击声清脆;③瓷器表面施彩釉。

6.1 新石器时代的发明

火烧的方法是古人常用的方法,如在刀耕火种的时代,要把草木烧成灰,再在这种带有草木灰(可作为肥料)的土地上耕种。还有,如果加工食物,在火焰上烧烤肉食也是一种简易的加工方法。或许在很偶然的情况下,古人发现用黏土糊在一个柳条筐的外表面可防止柳条筐被烧坏,湿泥经过火烧之后,黏土会明显变硬,也许这种现象给古人留下了印象。其实,在8 000多年以前的江西万年县仙人洞遗址、湖南道县玉蟾岩遗

萌芽与花朵
——古代的科学技术

址、湖南澧县彭头山遗址和河北徐水南庄头遗址等遗址中就发现了最早的陶器。在两河流域的西亚地区出土了大量泥板,上面有许多字(称为"泥板书",参见上文的2.1节),是古代巴比伦人留下的,这些泥板本来是怕水的,当时人们就用火烧一烧使之变硬,结果保存至今而未坏。

早期陶器有一个通病,就是因为烧制温度较低(约五六百摄氏度),所以看上去质地粗糙且疏松。要使陶器的硬度提高一些,只要提高烧制的温度就行了。当古人创造出仰韶文化和龙山文化时,已经不只是能提高陶器烧制的温度了,对陶土的可塑性和黏性也有所认识:对陶土进行淘洗后,陶土中较粗的颗粒被清洗出去,用这样的土烧制出来的陶器,无论细腻的程度还是坚硬的程度都得到了提升。

在仰韶文化形成和传播的时期,人们能够烧制出漂亮的红色陶器,还在陶器表面描绘出黑色的图案。到龙山文化形成和发展的时期,"龙山人"已经能烧制出质地坚硬和致密的陶器,发明了一种渗碳的工艺,还能制作出壳体很薄的器物(今人将这样的陶器名之为"蛋壳陶")。在4 000多年前就能烧制出如此好的陶器,显示出古代陶人技艺之高超,令今人惊叹不已。

能烧制出"蛋壳陶",除了与陶器制作方法进步有关外,还与能设计并砌筑出新式陶窑有关。在河南陕州古城南的庙底沟文化遗址中发现了龙山文化时期的陶窑,能分辨出火口、火道、火膛和火室等各个部分,这种结构可使通风顺畅,窑内热量的扩散也比较均匀,还能得到比较高的温度,这样就能烧制出灰陶和红陶,也能烧制出白陶和黑陶。

早期的制陶工匠使用过捏制的方法。捏制的方法很古老,并且还在被今人使用,如家庭内制作馒头、包子和饺子之类的食物,还是用得上捏制的方法的。但是,捏制的方法效率比较低,除非出于某种造型的需要,否则后来基本不用此法。如果制作某种陶器的数量很大,那就要用到模具(所以这样的方法被称为模制),不但能成型(可理解为"成形"),还能提高成型的效率。模制成型分单模成型和合模(或称双模)成型两种。单模成型是将泥料放入模子中挤压而成,适合于器物上装饰用的贴花或一些小物件。双模成型是用两个半模压制后对接而成,适用于一些较复杂的器物构件。此外还有雕塑成型。

轮制是用轮车制作陶瓷器的方法。轮车的主要构件是一个木质圆盘轮,轮下有立轴,立轴下端插入土窝之内,操作时,拨动圆轮使之平稳地旋转,用双手将圆盘上的坯泥拉成所需的形状。传说最早的陶轮是帝喾的王妃(帝尧的母亲)发明的,其实轮制法始于新石器时代大汶口文化晚期,制作的器物形状规整。制作杯、盘、碗、碟、瓶、炉、壶和罐都可以采用轮制成型的方法。

一件成型较为复杂的陶瓷器的制作,需要用多种成型手段。

6.2 鹳鱼石斧陶缸和尖底瓶

在远古的陶器中,容器的种类很多。这些容器能贮物,用于盛水也很普遍。有代表性的陶器如人面鱼纹陶盆、鹳鱼石斧陶缸(也叫鹳衔鱼纹缸)和尖底瓶,这里介绍一下鹳鱼石斧陶缸和尖底瓶。

1. 鹳鱼石斧陶缸

1978年,在河南省汝州市(原临汝县)阎村出土了一件陶器,由于器表有一只鹳鸟、一把石斧,鹳鸟嘴中叼着一条鱼,而且它的体量比较大(高47厘米,口径32.7厘米,底径近20厘米),所以称之为鹳鱼石斧陶缸(图6-1)。从外表看,器形为敞口、圆唇、深腹,器沿之下有4个对称的鼻纽,腹部绘有一幅"鹳鱼石斧图",也被称为

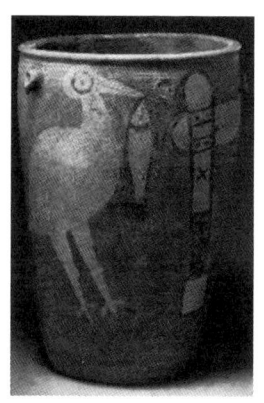

图6-1 鹳鱼石斧陶缸

"鸟鱼石斧图"。在图中,左边画了一只鹳,圆眼、长嘴,两腿直撑着,昂首,身躯微微后倾,嘴中叼着一条大鱼;在图的右边竖立着一把装有柄的石斧,石斧上的孔眼、符号以及绳子缠着石斧的样子描绘得很细致。

石斧在先民的生产活动中一直发挥着重要作用,也常常被用作权力的象征,因而猜测墓主人可能是一位类似于部落"酋

长"的人物。鹳具有一些特殊的本领,它能充当部落的图腾。鹳加上石斧,形成了一种特殊的组合,很符合"酋长"的身份。

这幅图的构图很精细,也很有画面感,应该是一位"美术"工作者的"作品"。除了鹳、石斧与鱼的审美价值之外,从力学的角度看,鹳的嘴叼着鱼,由于鱼比较大,也就比较重,所以鹳的身体微微向后倾,以平衡鱼造成的"力矩"。这位"美术"工作者不一定懂得力学知识,但由于他观察生活和生产活动极其仔细,所以真实反映了鹳与鱼的平衡关系,这也是很了不起的。

经专家用碳-14年代测定法测定,鹳鸟石斧陶缸是仰韶时期的产物,距今6 000年左右。

2. 尖底瓶

6 000多年前的半坡人已经会用陶罐来提水了,但是他们用的罐子很奇怪:尖尖的底,大大的肚子,拴绳用的两个耳朵位于罐子的大肚子中间略偏下一点。这种奇怪的罐子被今人称为"尖底瓶"(图6-2),当它空着被提起的时候,它会倾斜,所以放到水里面去打水的时候,水会自动地流进去;当里面的水达到一定的量的时候,罐子就会立起来,如果就打这么多水的话,接下来的提水

图6-2 尖底瓶

过程就会非常方便；但是，如果还想用这个罐子装更多的水的话，它又会变得不稳定，非常容易倾斜将一些水洒出去。

半坡人根据经验制造了这种提水罐，其中蕴含着关于重心的物理学知识。半坡提水罐上拴绳子用的两个大耳朵是处在罐子的大肚子的中央偏下一点的，由于是尖底，就使得罐子的重心高于两耳的位置。如果手拎线绳提起罐子，就会有拉力加在两耳上，同时，物体都是会受到重力作用的，重力的作用点就是重心。罐子空的时候，重心位置高于两耳位置的连线，所以在重力和拉力的作用下，罐子很容易发生倾斜；当罐子里面有一些水的时候，重心就会下降到罐子两耳连线的下方，这个时候重力和拉力的作用会使罐子保持竖直，而且这种情况下罐子是极其稳定的；但是如果将水灌满的话，罐子的重心再次上升，又会回到不稳定状态，罐子自然倾倒，使水洒出来。

6.3　澄泥陶器和紫砂壶

在北方，人们使用的陶制蛐蛐（即蟋蟀）罐中，赵子玉蟋蟀罐（图6-3）是名气最大的，几乎成了蛐蛐罐的代名词。赵子玉是清康熙时期制作蛐蛐罐的有名匠人，善用澄泥（经过澄洗的细泥）制蟋蟀罐，样式古雅，制作精良。他所制作的

图6-3　赵子玉蟋蟀罐

澄泥蟋蟀罐名品很多，款式有"绿泥""鳝鱼黄""瓜皮绿""藕荷色"和"倭瓜黄"等。

除了蛐蛐罐，利用澄泥制作的器物还有澄泥砚和"金砖"（一种高档方砖）等。澄泥砚是中国传统工艺品之一，用于研墨，始于汉，盛于唐宋。从唐代起，端砚、歙砚、洮河砚和澄泥砚被并称为"四大名砚"。

澄泥砚用特种胶泥加工烧制而成，因烧制过程或时间不同，可以形成多种颜色，如鳝鱼黄、蟹壳青、绿豆砂和玫瑰紫等，有的还是一砚多色，尤其讲究雕刻技艺。由于澄泥砚使用经过澄洗的细泥作为原料加工烧制而成，因此质地细腻，犹如婴儿皮肤一般，而且贮水不涸，历寒不冰，且不损笔毫，滋润胜水，可与石质砚相媲美。

唐宋时期，端砚和歙砚尚处初创阶段，人们评价澄泥砚为"砚中第一"。

古代工匠制作"金砖"时，先要选好土，其土质须黏而不散，粉而不沙。选好的土要露天放置一年，谓之去其"土性"；然后浸水将黏土泡开，还要反复踩踏（称为"练泥"），以挤出泥团中的微小气泡；再把这稠密的泥团反复摔打后装入模具，平板盖面，人在板上踩，到踩实为止。这些砖坯至少还要阴干7个月，才能入窑烧制。烧制时，先用糠草熏一个月，去其潮气，接着使用劈柴和整柴各烧一个月，最后再用松枝烧40天，才能出窑。出窑后还要经过严格的抽样检验，如果一窑

"金砖"中有6块达不到"敲之有声,断之无孔"的要求,这一批"金砖"就成为废品。可见,制造"金砖"的一个周期长达两年。

产自江苏宜兴的澄泥是紫砂壶的泥料。紫砂壶的泥料主要有3种,即紫泥、绿泥和红泥。这些泥的含铁量很高,最高含铁量可接近9%。紫砂壶是在高温下烧制而成,烧制温度在1 100~1 200摄氏度之间。因紫砂壶产自江苏宜兴,故也称宜兴壶。

紫砂茶具是清朝皇家的贡品,如内务府造办处在乾隆二十三年(1758年)收到苏州织造送到的宜兴壶若干件。故宫博物院还藏有镌刻乾隆帝御制诗的紫砂壶和茶叶罐等。

在明朝嘉靖万历年间出现了4位著名陶工,他们的名字是时鹏、董翰、赵良和元畅,号称"四大家"。其中董翰始创菱花式壶,赵良多制作提梁式壶。时鹏之子时大彬也是一位陶艺大师,时大彬制的壶形朴质坚,雅致无华,一直受到人们的喜爱,如明末的《初刻拍案惊奇》第二回中,作者在描写一处室内陈设时写道:"壁间纸画周之冕(吴门画派重要画家),桌上砂壶时大彬。"

时大彬受到书画家陈继儒的影响,并认识到"壶宜小不宜大,宜浅不宜深,壶盖宜盎不宜砥",转而专门制作小壶,与时大彬同时代的一批匠人也都迎合流行的风尚而制作小壶。在时大彬的时代,紫砂器因原料中杂有硇(náo)砂——

天然存在的氯化铵，烧成后器身呈现金色点，这也受到人们的喜爱。

清代乾嘉时期的陈鸿寿（1768—1822年，号曼生）是浙江钱塘人，他曾在宜兴做县官，喜爱紫砂器，并手绘十八壶式。按他的样式制作的壶称为"曼生壶"，他开创了将紫砂茗壶与诗书画印艺术相结合的风气，对当时及后世产生了影响。

制作紫砂茶具还与国外市场的需求有关。明末，葡萄牙人大量贩运中国茶叶到西欧的同时，紫砂器传到了欧洲，引起了欧洲人的兴趣，他们称之为"红色瓷器"或"朱泥器"。17世纪，两位姓埃勒尔的英国兄弟（Elers）匠师也用红色黏土仿制紫砂器，以器型和色泽迎合流行饮茶的英国上层社会的需求。17世纪80年代，荷兰匠师米耳德（Ary de Milde）曾仿造紫砂器。江户时代（1603—1867年）末期，紫砂茶具传入日本，一些茗壶特别为人所珍爱。19世纪中叶，日本陶工也试烧紫砂器。明治年间（1868—1911年），日本还聘请中国紫砂艺人到日本授徒。在中国，紫砂茶壶也成为专供外销的产品之一，如专为泰国烧制的出口茗壶，清光绪年间（1875—1908年）紫砂器曾大量销往日本和墨西哥以及南美各国。

6.4　色块简洁的唐三彩

唐代的陶器与瓷器都得到了长足的发展，这时还出现了一种新的陶器品种——唐三彩。这种彩陶工艺体现了匠人追求艳丽的色彩和逼真的造型的意愿,并显示出浓郁的生活格调以及时代气息。如今唐三彩成为一种具有独特风格的著名工艺品,也是著名的外销品,受到中外人士的喜爱。

唐代国力强盛,百业俱兴,成熟的制陶技术为唐三彩的出现奠定了基础。唐三彩的特点可以归纳为3个方面,即造型、釉色和胎质。从技术上讲,唐三彩是一种施彩釉且呈现多种色彩的低温釉陶器,它以细腻的白色黏土为胎料,用含铅的氧化物作为助熔剂(目的是降低釉料的熔融温度)。在烧制过程中,用含铜、铁、钴等的金属氧化物作为着色剂且融于铅釉中,形成黄、绿、蓝、白、紫、褐等多种色彩的釉色。许多器物以黄、绿、白为主,甚至有的器物只有一两种釉色,但都称为"唐三彩",其实"三"是"多"的意思,即"多彩"。这种釉陶器是唐代工匠的一个首创。

常见的唐三彩器有马、骆驼、仕女、乐伎俑和枕头等,其中骑骆驼的赤髯碧眼的外国人(图6-4)身穿窄袖衫,头戴翻檐帽,再现了古代中亚人的形象,使人联想起他们行走在"丝绸之路"上的情景。

洛阳出土的唐三彩系本地烧造,因为洛阳市北的邙山就有生

图6-4 唐三彩驼和外域商贩

产唐三彩的原料,在距离洛阳不远的巩义市大、小黄冶村还发现了烧制三彩器的窑址,出土了大量的窑具、模具和三彩器等。这说明洛阳是一个重要的唐三彩制作地,当时被称为"东窑",而长安则是另一制作地,被称为"西窑"。

唐三彩的制作工艺较为复杂,首先要将开采来的矿土经过挑选、舂捣、淘洗、沉淀、晾干,再用模具做成胎入窑烧制。唐三彩的烧制采用的是二次烧成法:制成的胎体先放入窑内经过1 000多摄氏度的素烧;再对焙烧过的素胎施以釉料并入窑复烧,其烧成温度约800摄氏度。在施釉时陶工发明了仿织物染色的工艺,采用涂蜡的方法,即用蜡画出花纹,再巧妙地施以彩釉,使红色、绿色和白色等三色交错运用。在烧制时,涂蜡的地方会发生釉汁扩散并形成白色的斑纹(显露出胎色),加上铅釉的流动性强,在烧制的过程中釉面向四周扩散流淌,各色釉互相浸润交融,形成自然而又斑驳绚丽的装饰效果。唐三彩具有国画和雕塑的艺术特点,现在成为一种具有唐代独特风格的传统工艺品,其色釉浓淡变化、互相浸润、斑驳淋漓,色彩自然协调且纹饰流畅。不过唐代大都用作冥器的唐三彩,虽然可以满足当时达官显贵们热衷于厚葬的需求,但由于它的胎质松脆,防水性能差,所以实用性也比较差。

唐三彩器物形体圆润、饱满,比例适度,形态自然,线条流畅,生动活泼。特别是人物俑中,武士肌肉发达,怒目圆睁,剑拔弩张;女俑则高髻广袖,亭亭玉立,悠然娴雅,十分丰满,给人的印象深刻。

唐三彩在陶瓷史上是一个划时代的里程碑,不仅在中国的陶瓷史和美术史上有一定的地位,而且对中外文化交流史研究也有很大价值。

6.5　青瓷与龙泉窑

在元代以前,中国生产的瓷器以青瓷为主。古人烧瓷的釉层成分中有氧化铁,由于氧化铁的含量不同,加上不同的烧成气氛,以及釉中"杂质"的不同,使瓷器表面呈现青色、黄色、黑色、褐色和红色等众多不同的色彩。

烧制青瓷的技术关键在于控制窑内的气氛(因为控制瓷土中的含铁量是另一个困难得多的难题)。用今天的术语说,在烧制的过程中,窑中要含有一定量的一氧化碳(也被称为"煤气",古人通过向干柴上洒水使柴不充分燃烧产生一氧化碳),这是一种能起到还原作用的气体。一氧化碳可把釉料中的氧化铁还原成氧化亚铁,这样,釉色就呈现出一种非常悦目的青色(青砖与红砖烧制方法的不同也在于此)。到唐代,这种烧制青瓷的技术已经非常成熟,以至于唐代诗人陆龟蒙把青瓷比喻成"千峰翠色",而"茶仙"陆羽则把青瓷中的高级品类——越瓷比喻成"类玉"。

到南宋,浙江龙泉窑烧制的青瓷更是达到了极品的水平。这些青瓷输入日本、朝鲜、中东和欧洲后,也受到了极高的评价。

生产青瓷的龙泉窑的"龙泉"其实是一个泛称,它指浙江省南部的一个很大的地区,大致包括瓯江的两岸和松溪的上游。这一地区发掘出的古代窑址有几百处,所形成的瓷器生产带达几百千米,这在中国瓷业史上是很少见的。

龙泉瓷业的发展可以追溯到晋代和隋唐时期,当时的瓷器生产就已经很兴盛了,最为出名的是越窑和瓯窑。越窑分布在上虞、宁波和余姚一带,瓯窑分布在温州、永嘉和瑞安一带,龙泉窑就是在越窑和瓯窑的基础上发展起来的。到五代和北宋时期,龙泉窑的瓷器生产技术取得了很大的进步,产量也有极大的提高,这种发展为龙泉窑的青瓷技术奠定了基础。

北宋末年,由于战乱,北方人随着朝廷逃到南方,这不只使南方人口激增,也使商品交易更加发达,这对原有的、已有一定基础的青瓷发展有所刺激。又由于北方的瓷业遭到了很大的破坏,朝廷的瓷器供应也遭到了破坏,所以,南宋朝廷在临安设立了官窑,专门承揽宫廷用瓷器的生产和供给,这对民间的瓷器生产也有所刺激。正是在这样的环境下,龙泉窑的瓷器生产规模和产品质量都达到了一个新的高度。

南宋时的龙泉窑主要分布在溪口和大窑两地。以大窑为例,在溪水的十里沿岸,烧窑密布在当地的大小山坡上,一条条的龙窑(长条形窑)竟有50余条。在一条龙窑中,可以一次烧制两万件之多的瓷器,由此可以推测,为了维持一个龙窑的生产，至少要配上百个瓷工，此外还要有运输、燃料供给和管理岗位。可以想象当时大窑的瓷器生产情景：几十个烟囱冒出浓烟，白天烟尘弥漫，夜间则炉火冲天，反映着龙泉窑生产的火热。类似的情景还出现在溪口、丽水、金村和遂昌。

在南宋，龙泉窑生产的青瓷品种很多，包括文具、茶具、餐具、娱乐用品、陈设用品、装饰品，甚至还有许多陪葬的"明器"（即冥器）。然而，到了元明时期，龙泉窑就开始衰落了，特别是随着景德镇生产的白瓷流行起来，青花瓷、釉里红、斗彩器和五彩器等新的品种不断地被开发出来，单一色调的青瓷逐渐显得相形见绌。

6.6 哥窑和弟窑

据说，在南宋时的龙泉有两兄弟，哥哥叫章生一，弟弟叫章生二，兄弟俩各自主持一个窑。章生一的窑叫"哥窑"，章生二的窑叫"弟窑"，兄弟俩的窑都很有名。

说起青瓷来，可以分为两类。一类是白胎的青瓷，据说就是章生二烧制出来的，所以一般称为"弟窑型"青瓷；另一类是黑胎的青瓷，据说是章生一烧制出来的，通常称为"哥窑型"青瓷。

弟窑青瓷的特点，除了白色的胎骨之外，它的釉面没有纹片，而釉色以粉青和梅子青为代表。其中的粉青釉是一种清淡的湖绿色，这种色釉有很不一样的光泽，比较柔和；另外，由于釉层较厚，从观感上说，显得滋润饱满，柔和而淡雅，好像青玉一般，不由得人们不喜欢它。梅子青的颜色比粉青要深一些，青翠碧绿的颜色更胜于翡翠。

哥窑型青瓷的特征是胎骨大多灰黑如铁。它的釉表面极有特点，有许多裂纹，形成一个个的片，密密麻麻的。这种纹片也被称为"开片"。说到开片，它本来是一种瑕疵，是由于瓷胎与瓷釉的膨胀系数相差较大，烧制时造成釉层开裂。不过，这种瑕疵使瓷器显得不"俗气"，经过工艺上的不断改进，釉面上的纹理有了一些"艺术感"：看上去有的像蟹爪，有的像冰裂纹，有的像鱼子，有的像柳叶，有的像牛毛。像这样带有裂纹的瓷器常常被称为"碎瓷"、"碎器"或"碎纹釉"等。

哥窑烧制的瓷器还有一个特点，即口沿和底部的釉层较薄，并且呈现出紫黑色，看上去很美观，这就是有名的"紫口铁足"，这也成为鉴定哥窑瓷品的一个重要特征。

哥窑的青瓷已经很少见了。在博物馆还能看到一些哥窑的展品，它们的釉色呈现米黄色或蟹甲青色，纹片较多，纹中也有着色，胎骨较厚而呈现米黄色或赭色。这些瓷器都是传世品，被称为"传世宋哥窑（瓷器）"。当然，这些传世品可能是仿品。

6.7 钧窑

宋代生产瓷器最为有名的是五大名窑，它们分别是：北

宋时的开封官窑和南宋时的临安官窑，河北曲阳的定窑，河南临汝的汝窑，浙江的哥窑，以及河南禹县（今禹州市）的钧窑。禹县中的"禹"是指夏禹，禹县曾经是夏禹的都城。

在宋代和金代，禹县叫钧州，所以烧制瓷器的窑被称为钧窑（烧制的瓷器被称为钧瓷）。到了明代，因为万历皇帝的名字叫朱翊钧，为了"避讳"，将"钧"改成了"均"，所以"钧窑"也称"均窑"。其实，"钧"字是有来历的：夏禹之子启曾召集一些部落的首领在"钧台"举行盛大的集会，以庆祝启的继位，这个钧台就位于禹县的北门外。在宋代，这里是烧制名瓷的地方。

从釉色上说，钧窑的瓷器可分为4类，即月白、天青、玫瑰紫和海棠红。由于钧瓷的釉料中含有磷酸盐之类的物质，它可以与釉料中被还原的铁结合起来，加上釉层中有较多的气泡，于是产生了一种奇异的效果——瓷器表面呈现出一种不规则的流动状的细线，形象地说，就像泥土中蠕动的蚯蚓，因此被称为"蚯蚓走泥纹"。

之所以能产生这样的效果，是由于钧窑中的素烧（即烧时未施釉的一道工序）。这种工艺是为了避免瓷坯在高温下被烧裂或变形，先进行一次低温下的烧制，使瓷坯的形状固定下来。但有时在低温环境下釉层也会产生裂纹，不过随着温度的上升，黏度较低的釉会流入裂纹的缝隙之中。在这样一个较为复杂的过程中，就形成了"蚯蚓走泥纹"。也有人觉得釉的流动像流泪，所以称这种纹样为"眼泪"（当然这种说法并未流行起来）。这种"蚯蚓走泥纹"很明显，和乳浊状的釉层一起成为鉴定钧瓷真伪的标准。

钧窑在技术上的创新更为后人所推崇的是一种被称为"窑变"的技术。窑变是一种匠人很难控制的变化，即便是今天，这种偶然出现的现象仍然是较难控制的。其实窑变并非钧瓷的"专利"，即并非只是在钧窑中发生，在哥窑和官窑中也出现了类似的窑变现象。本来瓷品表面应该呈现月白、粉青和米色，但在窑变之后出现了紫红色，有时还会出现禽鸟、麒麟、虎豹和蝴蝶形状的纹饰。由于窑变不可控，似乎有一种神秘的力量在背后起作用，所以匠人们对一些神仙更加顶礼膜拜。特别是，当窑变使一些很漂亮的图案出现后，如果要重复烧制同样效果的瓷器，就难为烧瓷的匠人了。为此，匠人们想出了一个"下策"，即将漂亮的瓷器偷偷地毁掉，以免皇帝索要同样的瓷器。传说，江西吉安永和窑的窑工不但毁掉了窑变的瓷器，还把窑密封起来，一走了之。据说，这些瓷工逃到了景德镇，从那时起，在景德镇的吉安永和人不断增多，并逐渐占了多数。

钧窑的匠人发现，钧瓷窑变产生的紫红色是青色与红色两种釉色混合的结果，因此发明了铜红釉，即在釉料中加入氧化铜。氧化铜在还原气氛中煅烧，会生成氧化亚铜乃至游离态的铜，呈现出美妙的红色。经过今天的化学家分析，证明古代的匠人已经知道应该控制氧化铜的量。例如，如果氧化铜的含量较多，釉色会像火漆一样浑浊；如果太多（超过10%），就会像古代福建的建窑那样烧出黑釉。

6.8 白瓷与氧化铁

在南北朝晚期的北方，人们将瓷胎中的铁含量降至7.5‰以下，再施以透明釉，烧制出了白瓷。

初唐的白瓷尚有泛青的现象，盛唐的白瓷则逐渐纯正，在北方的河北、河南和安徽都发现烧制白瓷的窑址。在众多烧制白瓷的北方窑址中，以河北邢窑为代表。其实，邢窑从北齐就开始烧制白瓷，到中唐已达鼎盛，五代之后就衰落了。邢窑的白瓷不只是胎质致密，釉色白润细腻，而且器壁比较薄，器型也讲究线条，比较稳重，由于坚而薄，叩之有脆亮之声。到五代之时，后来有"瓷都"之称的景德镇也开始烧制白瓷。

到了宋朝，白瓷的代表是福建德化窑的白瓷和景德镇的白瓷。其中，德化白瓷的颜色被称为"猪油白""象牙白"或"乳白"，而景德镇的白瓷则是白里泛青。相比之下，德化白瓷要更加有名，欧洲人非常喜欢德化白瓷，法国人称它为"中国白"或"鹅绒白"，而南洋（菲律宾）人则称之为"奶油白"。在欣赏德化白瓷时，如果映照在灯光或太阳光之下，则可以看到一种隐现出的粉红色，且非常柔和动人，这也是一种独具的特色，别的白瓷没有这样的特色。今天还在生产的一些德化窑的佛像受到人们的欢迎，被誉为"东方艺术"的精品。宋元之时，泉州是一个大港，德化瓷大都由此出口到国外，有一些瓷器被运到欧洲，被欧洲的一些王室购买，有些瓷器还收藏至今。例如，在英国王室的爱德华七世（1841—1910年，1901—1910年在位）陈列室中就展示着明代的德化白瓷。

今人对一些白瓷的釉进行了化验，得到了一些数据。例如，定窑白瓷釉的含铁量为9.6‰，唐代河南巩县白瓷釉的含铁量为5.7‰，景德镇胜梅亭的五代白瓷釉的含铁量为7.3‰，著名的德化白瓷（如"象牙白"）釉的含铁量只有2.9‰（可见其材料之优）。由此可见，白瓷釉的含铁量不能超过10‰（1%）。另外，从技术上看，北方白瓷的烧造气氛是氧化焰，白色中有些泛黄；南方白瓷的烧造气氛大都是还原焰，这就形成了白色中泛青的效果（参见上文的6.5节）。当然，白瓷的白并非釉之白，因为釉是透明的，白瓷的白实际上是瓷胎的白。要想瓷胎很白，它的含铁量也要很低，就像釉中的含铁量一样低。如果白瓷釉中含有一些微小的气泡，而烧制时在胎与釉的界面上或釉层中又大都会产生结晶的现象，这些气泡和釉层中的微小晶体会散射光线，使"白色"的视觉效果更加突出。

6.9 说说釉药

最初，发明釉药并非是为瓷器所使用，而是施用在陶器的表面。釉药施用在陶器表面表现出不同的颜色，像最早的陶器

表面施用富含铁、锰、钴氧化物的天然矿物类釉药,可形成紫色、红色和黑褐色的花纹。这些装饰纹形成了一个时代的特点,即彩陶文化,这种彩陶也成了此后瓷器的开端。

到了汉代,匠人们试制成功了一种新的釉药,即含有氧化铜(着色剂)的绿色铅釉,制成了最初的绿釉陶器,当时的人把这种陶器主要用作陪葬品——明器(或称为"冥器")。今人分析这种釉药的成分,发现其中主要的成分有两种,一种是氧化硅,占30%;另一种是氧化铅,占65%;其余是金属氧化物,作为着色剂。可见,这种釉药是一种熔点较低的硅酸铅玻璃材料,估计这种材料是古代炼丹术士发明的,被工匠用于制陶,或许炼丹术士参与过烧陶的工作。

到4世纪以后,铅釉就不止用于烧制陶器了,还用在建筑上。这不仅拓展了铅釉的用途,还加深了人们对铅釉的认识,逐渐摸清了金属氧化物显示各种色彩的规律。到唐代,这种认识对陶器技术的发展产生了作用,出现了著名的陶器新品种——唐三彩(参见上文的6.4节)。唐三彩非"三"彩,它的基本色彩有五种,即蓝色、黄色、赭色、绿色和白色。在高温的情况下,有时两种颜色会交融在一起,即发生"窑变"。"窑变"使三彩器的色泽很生动,并且还很协调、很别致。

上述釉陶技术不可避免地影响到瓷器的发展。宋代瓷器中出现了"宋三彩",这种技术是在"唐三彩"技术的基础上发展起来的,此后又发展出一种"宋加彩"(或称"红绿彩")技术。

"宋加彩"技术不像唐三彩那样把彩釉直接施加在器表以组成彩色图案，而是利用氧化铁制成矾红和三彩常用的绿色彩釉作为彩料，并且描绘在釉面之上。这样的技术曾用在河南禹县扒村窑和修武当阳窑烧成的产品上。这种用毛笔彩绘的方法具有极其重要的意义，因为使用毛笔彩绘的方法可以更多地借鉴国画的方法，不仅使彩釉的色彩更加丰富，而且层次感更强，画面也更加生动，这与唐宋绘画技艺的不断提高也是同步的。

唐三彩的技艺并未随着时代的发展而被丢弃，元代的匠人还延续着这种技艺，并且发展出在白釉的基底上绘出三彩图案的方法，这种新式的器物被称为"元三彩"。"元三彩"也并非千篇一律，在山西蒲州地区流行着一种"法花三彩"（称为"元法花"），它采用了一种彩画技艺，这是一种"立粉之法"，即在陶器坯胎的表面用泥浆勾勒成凸起的线条，以构成纹饰的轮廓，然后分别用黄色、绿色和紫色的釉料填入并形成彩色花纹，再入窑烧制出成品。

由此可见，"宋加彩"和"元法花"三彩器都使用了铅釉，这是与唐三彩的相同点，但宋元三彩器的装饰技术要高明得多。唐三彩是用色釉拼成图案，宋元的三彩则用描画填勾彩绘方法。新的彩绘方法在南方得到了充分的发展，对景德镇的瓷器制作技术产生了重要的影响。

景德镇在元代发展出的釉下彩技术借鉴了北方匠人的釉上用毛笔彩绘技术，并用在青花瓷上。釉下彩的青花瓷是在瓷

胎的表面上彩绘（颜料是用含钴的矿石制成的），然后施釉，经过高温烧成，这样，彩色图案是画在釉之下。釉下彩技术在明清时期发展到登峰造极的程度，与釉上彩技术交相辉映。正是这些不断出现的新技术，使景德镇发展成闻名世界的瓷都。

在清朝康熙时期，釉上彩技术仍然得到了发展。匠人把含砷的玻璃料掺入含铅的彩料之中，使彩料产生了一种粉白色的效果。景德镇人把这种含砷的玻璃料称为"玻璃白"。这种粉白色的色调，可以使红色变为粉红，绿色变为粉绿，这样的色彩就被称为"粉彩"。由于看上去的效果是色彩变得柔和了，因此也被称为"软彩"。这种新的技术在雍正年间最负盛名。

粉彩瓷器也属于中国传统的釉上彩瓷器。釉上彩瓷器的特征是，所用的彩料就像五彩石一样镶嵌在瓷器的表面，可谓光彩夺目，表现出极高的制作（包括绘画）水平。从工艺上说，通常的做法是先把彩料研磨得极细，调制好，用毛笔蘸着，在釉面上绘画，再入窑烧制。在绘制彩料时，关键的技术是如何使彩料画与釉面结合起来，并结合得非常牢固。在1712—1722年间，法国来华的传教士曾在景德镇调查制瓷的技术，并报告给法国的宗教机构。在这些报告中，附有一些彩料的样品和彩绘的笔。法国科技人员按照信中的内容进行了试制，并对样品进行了分析，搞清了彩料的成分，解决了彩料用在欧洲匠人制造的瓷釉上的问题。

6.10 青花瓷和釉里红

青花瓷(图6-5)又称为"白地青花瓷",其生产应用了釉下彩工艺,即先涂上含有钴的彩料,再覆盖上釉料,然后入窑在1 300摄氏度的高温下烧成。用钴料烧成的蓝色着色力强,发色鲜艳,并且呈色稳定。

图6-5 元青花瓷

据说最早的青花瓷出现在唐代(也有人不同意这种观点),但成熟的青花瓷确实出现在元代,最早烧制青花瓷的地点是景德镇的湖田窑。青花瓷作为主流瓷器的发展时期是在明代,并在清康熙朝达到顶峰。明清时期的青花瓷出现了一些新的品种,如五彩青花瓷、黄地青花瓷和哥釉青花瓷等。

青花瓷的美学特点明显,在华美中呈现出朴实,色彩单纯,在统一的色调中又表现出色彩的微妙变化,兼具质朴和典雅的情调。这种又质朴又典雅且深沉含蓄的品质,表现出东方民族的气质,具有独特的艺术魅力,可谓雅俗共赏。

元青花瓷与以前的瓷器相比,胎中的三氧化二铝含量增高,也就是说,白度提高了,胎色略带灰、黄,胎质疏松;底釉分青白和卵白两种,乳浊感强。青花瓷的原料包括国产料和进口料,国产料为高锰低铁型青料,呈色青蓝偏灰黑;进口料

为低锰高铁型青料,呈色青翠浓艳,杂有铁锈斑痕。可见,进口的青花料品质更好,其中最有名的是"苏麻离青"(或称为"苏泥勃青")。明初郑和下西洋时买回了大量的青花料,这也说明了为什么明永乐宣德时期(1403—1435年,简称"永宣时期")的青花瓷品质高。

永宣时期的青花瓷,器型有盘、碗、壶、罐、杯等,纹饰多见各种缠枝或折枝花果、龙凤、海水、海怪、游鱼等,胎质细腻致密。总的说来,宣德青花数量大、品种多、影响广,故有"青花首推宣德"之说。明中叶的成化时期(1465—1487年),青花瓷器多淡描青花,胎质细腻洁白,釉极细润且有玉质感。从明晚期开始,青花瓷器上的绘画逐步吸收了一些中国画的技法。

康熙时期(1662—1722年)的青花瓷器类型丰富,工艺水平高超,以"五彩青花瓷"为代表。画法以勾勒、渲染和皴法并用,绘画精细。纹饰题材多样,有山水人物、龙凤花鸟、鱼虫走兽、诗文、古物等。胎质致密细白,呈糯米糕状。观赏瓷大增,典型器有盖罐、凤尾尊、花觚、象腿瓶、笔筒等。雍正时期(1723—1735年)和乾隆时期(1736—1795年),青花器多仿明永宣时期的器型,也仿成化时期的淡描青花。

元代出现的釉里红是瓷器中的又一个重要的品种,它以铜为着色剂,并采用釉下彩的烧制工艺。在制作过程中,在瓷胎上用铜料着色剂画出图案,再用釉料罩上,在高温下烧成。由于红色图案在釉层内形成，故称"釉里红"，或称"釉下红"。这种烧制技术比较复杂，所以在民间流传着一些故事，以说明其烧制的难度。

釉里红是景德镇烧瓷匠人的重要发明。与青花瓷相比，二者都是在高温下烧成，但釉里红的烧制气氛要求更为严格，因而更加难以控制，即釉里红的烧制难度更大，这导致其产量较低，比青花瓷要少得多。在北京丰台曾经出土过一件釉里红瓷器，显示了古代匠人很高的烧瓷水平。

由于青花瓷和釉里红都是在高温气氛下烧成，所以匠人们就尝试着将二者结合起来，并且在元代研制成功。这种瓷器被称为"青花加紫器"或"青花釉里红"，这种瓷器更为难得，属于釉里红中的珍品，传世极少。1964年，在河北保定市出土的青花釉里红盖罐，器形很大，色彩和釉层都很精致，热烈奔放的红色与明艳淡雅的蓝色结合在一起，对比鲜明，形成了上佳的艺术效果。

6.11 清代的郎窑红和桃花片

宋代研发出的铜红釉不只成就了钧窑的名品，到元代又出现了釉里红；再往后，明代的霁红以及清代的郎窑红与桃花片、豇豆红等也都表现出高超的技艺。

清代的郎窑红颇负盛名，可视为铜红釉中的一颗明珠。康熙六十一年（1722年），皇帝派人到景德镇监造瓷器，其中的

一位官员名叫郎廷极,他组织匠人恢复了明朝已经衰落了的铜红釉烧制技术。其实,他不只是恢复,还发展了前人的技术,烧制出了更加珍贵的红色釉,被称为"郎窑红"。郎窑红的红釉,颜色鲜艳,像红宝石一样。

除了郎窑红,匠人们还研发出"桃花片"。与郎窑红不同,桃花片所呈现的效果如同朝露中的桃花一样,是一种幽雅的浅红色。器身还产生了细小的淡绿色的斑点,这种斑点散落在通片的桃红之中,产生了一种别致的效果。为了达到这种优雅的效果,釉中的氧化铜不只要均匀分布在釉中,烧制时还要严格控制火候和气氛。

在桃花片之后,还出现了类似的"康熙豇豆红"。这种瓷品对烧制技术也要求极高,因而常常是小型的器物。

清代的铜红釉还不止于此,从郎窑红又发展出一种"火焰红"。这种火焰红的特点是,在纯红的底色上呈现出闪青闪紫,如同火焰的色调。

6.12 丝绸之路和海上丝绸之路上的瓷器贸易

丝绸之路和海上丝绸之路是古代连接亚欧各国的商路(参见本书下文的7.10节)。从历史上看,丝绸之路和海上丝绸之路是促成丝绸贸易的重要路线,同时,在中国的瓷器发明之后,在丝绸之路和海上丝绸之路上也有大量的瓷器被运到国外,特别是在14世纪之后瓷器被运到欧洲,进而被运到美洲,也就是说，被运到了全世界。

早在两千多年前，中国与伊朗之间就有文化交流和贸易往来，丝绸之路更加促进了中国与伊朗之间的往来，特别是7世纪以来，中国瓷器通过丝绸之路运到了伊朗。在伊朗的阿尔德比勒、大不里士、伊斯法罕、尼夏浦尔、麦士特、西拉夫、累伊等地都发现了从唐代到清代的瓷器。

尼夏浦尔是古代呼罗珊地区的中心，位于东西交通的要道。这里的人们很喜爱中国的瓷器，并视为非常珍贵的物品。在1059年，一位名叫拜哈奇的人在一本书中写道："呼罗珊总督伊萨向哈里发哈伦·拉希德赠送了精美的中国官窑陶瓷20件和一般陶瓷两千件，这是哈里发宫廷从未见过的东西。"在尼夏浦尔遗址发现了9—13世纪的中国陶瓷，包括青瓷、青白瓷和白瓷等。

印度莫卧尔王朝的皇帝贾汗吉尔收藏了一只中国造的瓷盘子，皇帝非常喜欢它。有一天，一位保管员不小心打碎了瓷盘子，皇帝大怒，将这位保管员毒打了一顿，并没收了财产。后来，皇帝将部分财产发还，但要求保管员去寻找一件类似的瓷盘子，否则就别回来。这位保管员到了波斯，波斯国王有一只类似的瓷盘子，幸运的是，这位保管员说服了波斯国王把这只盘子让给了自己。据考证，这件事大致发生在17世纪初，这位波斯国王应该是波斯沙法维王朝第五代皇帝阿巴斯大帝。

阿巴斯大帝非常喜爱中国瓷器,如果知道哪儿有优质的中国瓷器,他都要设法搞到手。他在位时,波斯的国势很强,他不断扩大与中国的贸易,并使许多优质的瓷器到了他的手上。1611年,阿巴斯大帝到阿尔德比勒去祭祀祖宗,在祖庙附近建立了一座中国瓷器陈列馆,把他所收藏的1 162件中国瓷器贡献了出来。他在瓷器的底上刻上细点儿,这些细点儿组成阿拉伯文的题记,内容是"高贵而神圣的奴隶阿巴斯奉献沙法维寺",这些细点儿填上红色的颜料,就像盖上了一枚方形章。这批瓷器一直保存在阿尔德比勒。1828年和1832年,俄罗斯帝国两次侵入阿尔德比勒,把阿巴斯大帝献出的珍贵图书运到了彼得堡图书馆,到20世纪30年代,为使这些瓷器免遭劫难,伊朗王室就把阿尔德比勒的部分瓷器转移到了德黑兰考古博物馆保存。

其实,在丝绸之路上运输瓷器并非易事。为了防止瓷器破碎,包装很费事,加上用骆驼驮运装载量有限,后来大宗运输就改为海运了。

1976年初,在韩国全罗南道新安郡的道德岛附近,渔民进行作业时打捞上几件瓷花瓶,经过专家的鉴定,是中国浙江龙泉窑的产品,即青瓷。后来又打捞上一些青瓷器。接着,考古人员进行发掘,发现在水下20米的淤泥之中有一条沉船。沉船上的货物多达12 000件,其中瓷器很多,龙泉窑的青瓷最多,景德镇白瓷次之,此外还有元代"至大通宝"钱币。可以判断,这是从宁波出发的中国海船，先驶向高丽，装卸货物之后再驶向日本北九州博多湾，因遇到暴风雨而沉没。

中国海上贸易的历史已有两千多年，在唐宋达到高潮，许多商人往来于中国与日本之间，而输往日本的货品以瓷器为主。

1973—1974年间，在浙江宁波发现了9世纪末的晚唐瓷器，这些瓷器多为越窑系的青瓷，也有湖南长沙窑青瓷。出土的器物中还有一些砖，砖上的铭文是"乾宁五年（898年）六月"。这说明，唐宋的明州（今宁波）贮藏了大批的瓷器以备船运，而且为了外贸，唐宋在此地设立了安远驿、市舶务、提举司等机构。

唐朝时的中国商船可远航到阿曼、巴林和波斯沿海，这些国家和地区的商船也可到达中国的广州和泉州，与中国人交易。特别是到了南宋，朝廷的开支主要依靠外贸，中国与几十个国家和地区进行贸易，进口的外国货物必须以丝帛、锦绮、漆器和瓷器等价交换之，所以，大量瓷器出口海外，甚至远销到东非海岸。

当然，瓷器运到欧洲引起的反响更大，但运输也更加困难。最初欧洲人得到的中国瓷器应该是通过地中海到达埃及的亚历山大港，但是数量不会多，所以欧洲市场的中国瓷器很贵重。欧洲人买到后，还要用金银来装饰一番。据记载，欧洲匈牙利的路易大王（1342—1382年）珍藏着最早的中国瓷器，他在1381年得到了景德镇的青白瓷瓶，并镶嵌上银子。

16世纪初,奥斯曼土耳其人阿里·厄克贝在《中国见闻记》中说到中国瓷器的特点:不管注入什么东西,都能使渣子沉淀;质地坚硬,只有金刚钻才能划伤它(用金刚钻划伤是鉴别它的方法),所以用瓷器吃饭喝水能身强力壮;尽管质地坚硬,但对着油灯或太阳光映照,能从内侧透过器壁看到外表的图案。甚至还有人相信中国瓷器可以防毒,青瓷碰到毒药马上就会变黑。

16世纪,法国作家潘希罗也对中国瓷器有所记述,他写道:"瓷器是由鸡蛋和捣碎了的贝壳制成的,它最大的优点在于,如把毒药放在里面,它就会炸成碎片。"就是到了18世纪,许多欧洲人还是相信,瓷器是用鸡蛋和贝壳制成的。

1517年,葡萄牙商船首次驶入广州港,这是欧洲人首次与中国直接进行贸易。这些船返回时不再到东非了,还是绕过好望角沿着西非海岸北上,达到欧洲。当然最初运到欧洲的瓷器并不多。1602年,荷兰东印度公司的船队俘获了葡萄牙商船"圣雅戈号",并将船上的瓷器全部搬走,运到米德尔堡拍卖。两年后,荷兰人又俘获了葡萄牙商船"卡特丽娜号",并运走瓷器30吨,在阿姆斯特丹拍卖。在拍卖时,法国皇帝亨利四世购买了一套精美的瓷器,许多法国高官也参加了购买活动,英国国王詹姆斯一世也购买了一些瓷器。看到欧洲人对这些瓷器倍加推崇,荷兰东印度公司就定期从中国购买瓷器,运回欧洲市场贩卖。

在1610年出版的《葡萄牙王国记述》中，作者极力夸赞中国瓷器，作者写道："这种瓷瓶是人们所发明的最美丽的东西，看起来要比金、银或水银都更为可爱。"

由于欧洲有巨大的需求，许多国家的人都学荷兰人开始做瓷器贸易。1664年，法国成立公司进行瓷器贸易，并派"安菲特里特号"商船于1698年到达广州，在离开时带走了167箱瓷器。英国在取代荷兰的贸易地位之后，1700年，英国的"马克列菲尔德号"商船也驶入广州，运走了大量的瓷器，到1774年，与中国进行贸易的英国商号已有52家。德国、瑞典和丹麦也成立了与中国贸易的公司。

虽然欧洲人喜欢中国瓷器，但由于价格太高，所以只有皇室、贵族和富有者才有可能问津。据说，奥古斯特二世（1670—1733年）对中国瓷器的精品十分迷恋，只要有就会不惜代价搞到手，并且建造了一座宫殿，专门储存这些瓷器。与奥古斯特二世有相同爱好的是威廉国王，不过他除了迷恋瓷器，还喜欢高个子的大兵，由于他看中了奥古斯特二世的高个子的大兵，他们竟签订了一个协议，用127件中国瓷器换回600名士兵。

中国瓷器的价值不只是体现在市场上，它的艺术性也受到欧洲人的欣赏，因而常被用作馈赠的礼品。埃及国王就曾用中国瓷器向欧洲人送礼，如1447年赠予法国查理七世，1487年赠予意大利的美第奇大公，1490年赠予威尼斯总督。

欧洲人十分喜爱青花瓷，欧洲美术界尤其喜欢，画家往往

把水果装入青花瓷的盘子或大碗中,作为作画的对象。

从明中叶开始,中国瓷器匠人开始接受欧洲人订制瓷器,这些瓷器上装饰着王室的纹章或王公的纹章。葡萄牙国王曼纽尔一世(1495—1521年)订制的青花瓷瓶上,除了正德年款,还有王室纹章和曼纽尔的私人纹章,这是目前所知最早的由中国人制成的带纹章的瓷器。17世纪,法国国王路易十四也派人到广州订制饰有法国纹章和甲胄的瓷器。

18世纪,欧洲人把设计图样交给中国的匠人,中国匠人按照图样烧制出样盘,并装入"样箱"运到欧洲。英国维多利亚(国王)与阿尔伯特(亲王)博物馆就收藏有一个这样的样盘,瑞典哥德堡历史博物馆也收藏有这样的样盘。这样,瓷器贸易的针对性更强。

除了贸易,制造瓷器的技术也逐渐地传到国外。最早学会瓷器制作方法的是朝鲜人,朝鲜人918年在康津建窑烧瓷。奈良时代(8—9世纪),日本人也引入了中国的烧陶技术,已经能烧出"奈良三彩"釉陶。1228年,加藤四郎在中国学习了5年烧瓷技术后回到日本,在尾张濑户烧造黑釉瓷器。埃及人在法特米王朝(969—1171年)仿制中国的瓷器成功。15世纪,阿拉伯人把制瓷方法传到了欧洲的意大利。

七、蚕与丝

在古代，中国曾被西方人称为"丝国"，中国的丝绸受到西方人的欢迎，他们感到这种柔软且光滑的织物非常神奇，想象其织造过程的不寻常，好像只有在天堂才能看到。其实中国人何尝不是如此，唐朝大诗人白居易就曾写下这样的诗句："天上取样人间织，织为云外秋雁行……异彩奇纹相隐映，转侧看花花不定。"显然，对于这种巧夺天工的珍品，诗人的语言也是难以形容出来的。

7.1 蚕桑的传说

蚕是一种形体较小的昆虫。据说，在历史上，人类一共驯化了两种昆虫——蜜蜂和蚕。蜜蜂能酿出甜美的蜂蜜，自然受到了人类的喜爱；而蚕的奇妙之处是它能一口一口地咀嚼嫩绿的桑叶，再吐出长长的丝线（蚕丝），正是这种奇妙的丝线织出了贵重的丝绸。也正是由于蚕的奇妙和丝绸的贵重，早在四五千年前人类就祭祀蚕神。在商代祭祀蚕神的活动中，统治者让蚕神享受很高的级别，甲骨文记载"蚕示三牢"，其中的

"牢"是指祭祀用的牺牲,"三牢"是猪、羊和牛,其中的"示"就是"祭祀"。

中国人利用蚕已经有几千年了,关于蚕神的传说很多,例如天驷龙精、马头娘、菀窳(wǎn yǔ)妇人、寓氏公主以及嫘祖等。下面简述马头娘的故事。

这个故事最早记载于《搜神记》(晋代干宝作)。故事的梗概是,一个小女孩思念去打仗的父亲,就对着一匹白马戏言:"如果你能把我的父亲找回来,我就嫁给你。"这匹马听后就飞奔到女孩父亲的军营中,女孩的父亲见到这匹马很惊奇,想是不是家中有事,便乘马而归。到家之后,这匹马就对着女孩扬起蹄子,意思是说,你的父亲找回来了,你如何兑现先前的诺言呢?父亲感到很奇怪,就私下问女儿发生了什么事情,女儿只得据实以告。女孩的父亲就把白马杀了,并把马皮晾晒在庭院之中。女孩便对着马皮说:"谁让你真要娶我做妻子呢?你被剥掉皮是咎由自取。"没想到,马皮顿起,将女孩卷起,飞升而去。待人们找到马皮卷着的女孩时,这个女孩已经变成了蚕,并爬在树叶之中。干宝还对此写道:"世谓蚕为女儿,古之遗言也,因名其树为桑,桑者丧也。"

这个故事在许多古代的文献中被转载,特别是在四川流传得更广。人们还把远古的氏族首领蚕丛氏当作蜀人驯化蚕的始祖,而且"蜀"字就是一个蚕形的象形字。蜀人还把马头娘看成远古高辛氏(即帝喾)时的人物。

影响最大的蚕神并不是马头娘，而是黄帝的元妃西陵氏嫘祖。在史书中有这样的记载："伏羲化蚕，西陵氏始蚕。"意思是，伏羲开始驯养蚕，西陵氏嫘祖开始运用蚕丝织出丝绸。

在中国几千年的历史中，统治者大都以农立国，中国的农村大多呈现"男耕女织"的景象。在先秦的一些铜器表面就有植桑和采桑的画面，以表现重视和鼓励农桑之意。

7.2 早期的蚕事活动

1926年，考古工作者在山西夏县西阴村的仰韶文化遗存中发现了一个"半割的蚕茧壳"，这个蚕茧壳距今至少有4 600年。1958年，在浙江吴兴县钱山漾地区发现了新石器时代的遗存，出土物品中有丝织物，如丝线、丝带和绢片等，距今有5 000年，出土的绢绸平整，并且织出绢绸的单个丝线的表面也很光滑，织出的条纹也很清晰，也许这种丝织品是缫丝后织出的。1973年和1977年，在浙江余姚河姆渡遗址中发掘出人工栽培的谷物和骨耜，家畜有猪、狗和水牛，特别是有纺织工具，如陶纺轮、骨针、织网器和管状针以及刀、匕、小棒等；也许当时已有原始的织机，因为出土了木经轴、骨机刀和木卷布棍等；出土物中还有一个重要的器物"牙雕小盅"（图7-1），它的外

图7-1　牙雕小盅

萌芽与花朵
——古代的科学技术

表有编织纹和蚕纹组成的装饰图案,把织物与蚕联系了起来,表明蚕有可能已成为家蚕,说明从距今6 000—7 000年开始,这个位于亚洲大陆一角的吴越地区就成为种植桑树和养殖家蚕最重要的地区。

在周朝以前,蚕事活动已有零星的记述,后来,有关西周蚕事活动的记载就多起来了,最为有名的要算是《诗经》了。《豳风·七月》中有一段与蚕桑丝绸生产有关的诗句:

七月流火,九月授衣。春日载阳,有鸣仓庚。女执懿筐,遵彼微行,爰求柔桑。春日迟迟,采蘩祁祁。女心伤悲,殆及公子同归。

七月流火,八月萑苇。蚕月条桑,取彼斧斨,以伐远扬,猗彼女桑。

七月鸣鵙,八月载绩。载玄载黄,我朱孔阳,为公子裳。

大意是:

七月大火向西落,九月妇女缝寒衣。

春天阳光暖融融,黄鹂婉转唱着歌。

姑娘提着深竹筐,一路沿着小道走,伸手采摘嫩桑叶。

春来日子渐渐长,人来人往采白蒿。

姑娘心中好伤悲,要随贵人嫁他乡。

七月大火向西落,八月要把芦苇割。

三月修剪桑树枝,取来锋利的斧头,砍掉高高长枝条,攀着细枝摘嫩桑。

七月伯劳声声叫，八月开始把麻织。

染丝有黑又有黄，我的红色更鲜亮，献给贵人做衣裳。

可见，在西周时期，民众的采桑活动已经较为普遍了。孟子还从经济的角度说明植桑的重要性："五亩之宅，树之以桑，五十者可衣帛矣。"在西周时期，中国人已有很大的桑园了，从今天了解的情况看，当时的桑树品种主要分为两类，即高桑和矮桑（今天谓之"地桑"）。

在春秋时期，植桑与养蚕受到国家的重视，在《管子》一书中对有关事项有详细的规定，该书的"山权数篇"记述："民之通于蚕桑，使蚕不疾病者，皆置之黄金一斤，直食八石，谨听其言，而藏之官，使师旅之事无所与。"这段记述规定，对于百姓中精通养蚕技术的"专家"给予奖赏，并可免除兵役。

秦代以前的养蚕人就知道，在养蚕活动中要用清水洗蚕卵，后来还发展到用朱砂溶于水再洗浴蚕卵，也有用盐水、石灰水或溶有别的药物的溶液洗浴蚕卵的。这些方法对于防止蚕病很有效，也很容易做到，便于普及。关于选育蚕种，也有一些技术上的知识，这里就不赘述了。

当然，中国养蚕活动中的蚕除了桑蚕，其实还有一种"柞（zuò）蚕"。养殖柞蚕的发源地是山东半岛。在古人的记载中，山东人驯养柞蚕的最早时间是公元前40年。当时山东

蓬莱和掖县（今莱州）的古人就采收野生的柞蚕茧，并用这种蚕丝制成丝绵，经过长时间的观察和经验积累，逐渐发展出用柞蚕丝来织出新的绸缎品种。到明代，山东人养殖柞蚕的方法日渐成熟，也形成了一些放养的流程。据说，在明代，这种柞蚕丝织成的丝绸和制作的衣物还一度风靡全国。清朝的一位山东益都县人孙廷铨写成《山蚕说》，在这篇文章中，孙廷铨介绍在胶东一带的山区，人们放养柞蚕的面积很大。这种活动还传播到别的地区，甚至影响到辽东地区，而辽东地区甚至成为中国第二个养殖柞蚕的中心。此外，在陕西和河南地区也有养殖柞蚕的，甚至还影响到云贵地区。

7.3 古桑的传奇

树龄达千年以上的桑树只有一株，它位于福建泉州市。在承德市郊有名的棒槌山的石隙中有一株古桑，在山东临朐县城关镇也有一株古桑，它们虽然树龄未达千年，但名气也不小。

先说泉州的古桑。传说1 200年前，一个财主在梦中见到一个老和尚，这个老和尚希望在财主的桑园中建一座寺院，财主虽信佛，但失去这么大的一座桑园仍然心有不甘，就提出要求：若桑树枝上开出并蒂白莲就献出桑园，这时忽见千手观音腾空而去。这只是南柯一梦，但不久真有和尚来求地皮以建寺院，财主便讲述了梦中的情景，和尚听后双手合十，口中念"阿弥陀佛"，转身便走。3天后，桑树枝上竟然真有并蒂莲花开，于是财主高高兴兴地献出了桑园,建成的寺院便名之为"桑莲禅寺",寺中至今仍留有一棵千年古桑。

河北省承德市东郊有一座海拔550米的山峰,在峰顶竖着一根形如棒槌的巨石,这根"棒槌"高约50多米,非常挺拔。在棒槌山的山腰处生长着一棵老桑树,由于它神奇地长在石隙中,人们便将这棵树称为"神栽树"或"仙护桑"等。古人对棒槌山有过一些记载,例如,《水经注》的作者郦道元(约470—527年)认为这个"石梃"(即棒槌山)"高百余仞",不过《水经注》中尚无有关这棵桑树的记载。是什么人在棒槌山的山腰处栽下了这棵桑树呢?今人分析,应该是鸟吃过桑葚后飞到棒槌山的山腰处,把粪便中的桑葚种子"播撒"在山腰的石头缝隙之中。至今,估计这棵桑树的树龄在300年左右。

山东地区是中国古老的植桑地区,汉代的司马迁对山东的桑麻种植颇有赞词,中国的湖桑名声很大(参见下文的7.5节),但技术渊源却来自鲁桑。至今在山东还能见到一棵明代的鲁桑,它位于山东临朐的殷家河村。传说,明代这里一位姓许的财主栽下了一些桑树,经过几百年后,到抗日战争期间这些桑树遭到破坏,后来只剩下现在还能见到的这一棵。

在这里顺便说一下,除了桑叶作为蚕的食物,桑葚也可作为人的食物,而且是很可口的。在山东有一种桑树叫黑鲁桑,贾思勰在《齐民要术》(成书于533—544年)中对这种桑树称赞有加,还特别称赞了这种桑树的果实;《临朐县志》中也记

载了这样的黑鲁桑,当地群众认为,食用黑鲁桑的桑葚可以使人长寿。

7.4 马王堆汉墓中的丝绸

从1972年到1974年初,考古工作者对长沙马王堆的三座汉墓进行了发掘,这三座汉墓分别被编号为1号、2号和3号。这三座汉墓所埋葬的是被封为轪侯的长沙国丞相利苍和他的家属,其中1号汉墓中是利苍的夫人,2号墓中是利苍本人,3号墓中是利苍的一个儿子。这些汉墓出土了1 000多件遗物,种类繁多,这里只论及其中的丝织物。

从这三座汉墓出土的丝织物是非常精美的,种类也多,十分罕见。经过整理之后,计有单幅的丝织品46件,绢织衣物68件,一共114件。其中,用绮或罗绮的有14件,用锦的18件,用纱(素绢或称为缯)的6件。算下来,织物的品种有绢、纱、罗、绮、锦、绒圈锦(也称为起毛锦)和刺绣等。

在这些丝织物中,知名度最高的是素纱襌(dān)衣。它很薄,衣长128厘米,展开的袖长190厘米,重仅49克,也就是说不足一两,说它轻盈透明并不算夸张。

这些丝织物中,有一种珍贵的品种是绒圈锦,这种织物在汉代以前是极少见的,在汉墓中见到绒圈锦标志着丝织工艺已经非常成熟了。马王堆汉墓的主人下葬的年代是汉文帝的时代(公元前179—前157年)。织造绒圈锦要用提花机,要用3枚经线提花,并在这些经线上形成大小不一的绒圈。这样的锦,其花型层次分明,加上大小交替的绒圈,使织锦的纹样具有立体效果,看上去非常华丽,这就是所谓的"锦上添花"。能造成如此复杂的结构,说明织出绒圈锦的技术是非常高超的,遗憾的是,织造匠人的名字和匠人使用的织机并未留下来。关于织机,在史书中留下了比马王堆汉墓时代稍晚的材料:汉宣帝时代(公元前73—前49年),在河北巨鹿有一位名叫陈宝光的人,他的妻子是一位织造高手。由于那个时代的妇女地位低下,妇女出嫁之后就不提在娘家的名字了(而且也多没有"大名"),所以史书中就只提到她丈夫的名字。为了方便,这里就称她陈宝光妻。

陈宝光妻不只是一个纺织技术的能工巧匠,而且还是一位革新技术的能手。在《西京杂记》中对陈宝光妻的事迹有所记载:"霍光妻遗淳于衍散花绫二十五匹,绫出巨鹿陈宝光家……六十日成一匹,值万钱。"这里说到的"散花绫"是一种丝织物,在《说文解字》中对"绫"的解释是"绫为齐人称布帛细者之名"。为了织绫,陈宝光妻对织机进行了改进,使工作效率得到了很大的提高。

到了三国时期,魏国有一位能工巧匠名叫马钧,他对织机又进行了改进。

7.5 湖桑湖丝天下闻

蚕要吐出好丝,需要吃好的桑叶,而提起好的桑叶和蚕丝就要说到"湖桑"和"湖丝"。这里的"湖"广义上是指今天浙江省的杭嘉湖地区,杭嘉湖就是杭州、嘉兴和湖州,但狭义上只是指湖州。

这里先说"湖桑","湖丝"在下面的7.6节专门介绍。其实湖桑的"娘家"并非湖州,而是山东,鲁桑变为湖桑是借助嫁接技术实现的。

在历史上,对湖桑改良做出很大贡献的是濮凤。濮凤是南宋高宗(赵构)的女婿(即驸马),他随皇室到达江南之后,在他的晚年带领他的家族大力发展嘉兴和湖州地区的蚕桑和丝织事业,将山东的鲁桑嫁接技术在桐乡大力推广,所以,在元明清的几百年间,这些地区出产的优质丝绸被称为"濮绸"。

嘉兴和湖州地区引进鲁桑后,人们就用当地的荆桑作为砧木,将鲁桑作为接穗长出新的植株,再经过不断改良,形成了鲁桑的新型品种——湖桑。不过,湖桑的品种并不单一,而是有许多品种,如白桑、青桑、睦州青和红鸡爪等品种。湖桑在南宋时有八九个品种,明代就达到十多个品种,清代初年则接近二十个品种,到清中叶时,湖桑的品种太多,人们就难以统计了。

南宋之时,浙江已有很好的桑树品种了,这在大诗人陆游

的作品中多有记载,这里采录一首《村舍杂书》(作于淳熙丁未即1174年):

中春农在野,蚕事亦随作,手种临安青,可饲蚕百箔;累累茧满簇,绎绎丝上篗,老子虽安眠,衣帛可无怍。

陆游还自注,临安青为"桑名"。大诗人写入诗作的桑树名品竟以首都临安来命名,而且被引种到了山阴(今绍兴)这样的老的植桑地区。

在南宋开始形成的湖桑品种,到今天已经有上百种了,所以,可以将"湖桑"理解为一个体系,湖桑可以作为湖桑体系的简称。在湖桑各个品种向江苏和安徽推广之时,也常常笼统地称为湖桑,并不用言明具体是哪个品种。

在19世纪中叶出版的《齐民四术》(作者包世臣)中对湖桑和荆桑做了比较:

桑有两种:鲁桑一名湖桑,叶厚大而疏,多津液,少葚,饲蚕蚕大,得丝多。荆桑,一名鸡桑,一名黑桑,叶尖而有瓣,小而密,先结子,后生叶,饲蚕蚕小,得丝少。

7.6 辑里丝——七里丝

在湖州,有代表性的名丝是"辑里丝",这个名品在18—19世纪就已经声名远播,誉满全球。

"辑里"的名称来源于湖州名镇南浔附近的一个村庄"辑里村",它离南浔只有七里远,所以亦称为"七里村"。在湖州

音中"七"与"辑"相近,所以辑里村与七里村是同一个地名。由于这里所产的湖丝很有名,在中外文献中常常出现,所以"七里丝"后来成了"湖丝"的代称。

明代万历年间的一位进士叫朱国桢(1558—1632年,湖州南浔人),对于"七里丝",他写道:"湖地宜蚕,新丝妙天下。又湖丝唯七里尤佳,较常价每两必多一分,苏人入手即识,用织帽缎,紫光可鉴。其地去余镇(即南浔)仅七里,故以名。"这时产于七里村的七里丝是紧俏货,要想买到是比较困难的,如果眼力不佳,往往还会买到假货。

利用湖丝成就了很多丝绸名品,如福建的福州丝绸和漳州纱绢都用湖丝,粤缎和粤纱也用湖丝,而粤纱的品质极优,"金陵苏杭皆不及"。江西铅(yán)山也有湖丝销售,天下闻名的"潞绸"也要部分用到湖丝,此外江宁(即南京)、苏州和松江等地也有大量的湖丝销售。

在明代,郑和下西洋时,一次就要携带丝绸二十万匹,主要作用是为中国的丝绸做广告,所以,丝绸不只是向朝鲜、日本和南洋诸地输出,而且葡萄牙、西班牙和荷兰也成为丝绸贸易的重要主顾。后来,在康熙二十一年(1682年)海禁初开,许多外商都盯着湖丝贸易,英国人尤其重视,并得到了清朝廷的批准。1699年,英国东印度公司在广州正式成立了商馆,并取得了与中国进行丝绸贸易的合法权益。中国的生丝贸易集散地一度以伦敦为中心,到19世纪下半叶生丝贸易集散地转移到了法国的里昂。

7.7 犹如雕镂的缂丝

缂丝又称刻丝，是指我国特有的一种丝织手工艺，也指用这种工艺织成的衣料或工艺品（图7-2）。缂丝织物具有犹如雕琢镂刻的效果，且富双面立体感。

缂丝织造时，先在织机上安装好经线，经线下衬画稿或书稿，织工透过经丝线，用毛

图7-2 缂丝工艺品

笔将彩色图案描绘在经丝线（面）上，再分别用长约10厘米、装有各种丝线的舟形小梭依花纹图案分块织造。由于织工能自由变换色彩，因而适宜制作书画作品。织工编织染有色彩的纬线须有高超的技术和一定的艺术造诣。缂丝的本色经线细，彩色纬线粗，以纬缂经，只显彩色纬线而不露经线。由于彩色纬线充分覆盖于织物上部，所以织后不会因纬线收缩而影响画面花纹的效果。

具体来说，缂丝是一种以生蚕丝为经线，彩色熟丝为纬线，采用通经回纬的方法织成的平纹织物。按照预先描绘的图案，各色纬丝仅于图案花纹需要处与经丝交织，但并不贯通全幅，

用几枚小梭子按图案色彩分别挖织,使织物上花纹与素丝地、色与色之间呈现一些断痕,类似刀刻的形象,这就是所谓"通经断纬"的织法。

缂丝制作很费功夫,缂丝作品往往要倾注匠人大量的心血,又由于缂丝的观赏性很强,立体感也很强,所以其艺术价值甚至能与名家书画相比。宋代的庄绰指出:"定州织刻丝,不用大机,以熟色丝经于木杼上,随所欲作花草禽兽状。以小梭织纬时,先留其处,方以杂色线缀于经纬之上,合以成文,若不相连。承空视之如雕镂之象,故名刻丝。"明初曹昭也指出:"宋时旧织者,白地或青地子,织诗词山水,或故事人物花木鸟兽,其配色如傅彩,又谓之刻色作。"

其实,南北朝的皇亲贵族已经常用缂丝为书法大家王羲之和王献之的作品做装裱。在北宋,缂丝也多用作书画包首或经卷封面,同时皇帝的爱好使缂丝从实用和较单纯的装饰品转向欣赏性艺术品。在南宋,随着政治和经济中心的转移,缂丝也从北方重要产地定州传到了南方苏杭地区,曾有"北有定州,南有松江"的赞誉。宋代缂丝无论用于装裱,还是制成艺术品(如山水、花鸟、人物等),都已达到相当高的水平。

宋代缂丝作品大都摹缂名家书画,在能工巧匠的创新中灵活运用多种技法,使纬丝色彩不断增加。缂丝专家朱克柔的名作《莲塘乳鸭图》(现藏上海博物馆)与沈子蕃的名作《梅鹊图》《青碧山水图》(现均藏北京故宫博物院),构图严谨,色

泽和谐,工丽巧绝。尤以朱克柔的技法最突出,宋徽宗赵佶极为推崇,在她的《碧桃蝶雀图》上亲笔题诗:

雀踏花枝出素纨,曾闻人说刻丝难。要知应是宣和物,莫作寻常黹绣看。

元代缂丝大量用在宗教饰品和官员的官服上,并开始采用金彩,简练豪放的风格对明清两代的缂丝发展也有很大的影响。当时信奉佛教的蒙古人对金色尤其喜爱,并在织物内加金。这种做法尤其盛行于与佛教有关的作品中,如元代缂丝作品中的释迦牟尼佛唐卡,释迦佛像用十色金彩织出,异常精美。

明宫廷"御用监"下设"缂丝作",以管理缂丝的生产。宣德(1426—1435年)至成化(1465—1487年)之间的国力比较强,苏州、南京和北京的缂丝生产出现繁盛局面。缂丝匠人创造出一些新的技法,甚至能在纬线中掺入孔雀的翎毛,以显示皇家气派。在苏州齐门外陆慕镇的一批艺人从事缂丝织造,他们织出的缂丝风格受到江南文人绘画的影响,匠人多摹缂名画家的画稿。吴圻、朱良栋和王统等缂织沈周、唐寅和文征明等人的画稿,如朱良栋缂制的缂丝名品《瑶池献寿图》(现藏北京故宫博物院),轮廓清晰,冠绝当世;吴圻的《沈周蟠桃仙图》中人物的形态生动,栩栩如生,呈现了缂丝艺术的独特风格。缂丝以小幅册页为主,装饰性极强。明代的御用缂丝可制作皇帝的龙袍。

清康乾时期,江南的丝织业被朝廷控制,缂丝也如此。缂丝出现了双面缂、毛缂丝和缂绣混合法(即融和了缂丝、刺绣、绘画等多种工艺),并创作出一批精巧工细的作品。例如,《御制三星图》的上截缂乾隆皇帝的《三星颂》和《岁朝图》,下截为蓝色隶书乾隆御制岁朝诗,文字书法缂织精细,显示了名工巧匠的高超技艺。在曹雪芹所著《红楼梦》第五十一回中有言:"凤姐命平儿将昨日那件石青刻丝八团天马皮褂子拿出来,给了袭人。"可见清代缂丝制品之普遍。

7.8 锦中精品说云锦

说到锦,早在商周时期,丝织品中就有锦了。所谓锦是用厚缯(zēng,帛的总称)为地,用彩色丝线织上花纹。锦一出现,就被看作一种贵重的高级丝织品。古人赠送礼品中常有"束帛"(普通丝绸),到东周时就要用到"束锦"了。战国时期,人们将"锦"和"绣"连用,表示最好的织物,后来引申为美丽或美好的意思。锦字是金和帛的组合,古人的解释是:"锦,金也。作之用功重,其价如金。故惟尊者得服。"意思是,织锦花费极大,作为豪华贵重的丝帛,在古代只有达官贵人才能穿得起。

春秋时期,中原地区的卫国与郑国以及齐鲁地区是重要的锦产地,直到汉代,襄邑(今河南睢县)仍是主要的锦的产地。三国时期,四川产的"蜀锦"兴盛起来。在唐代,四川、河北定州和江南吴越地区为丝织的三大产地，其中蜀锦仍是重要的丝织品，新的丝织品有"鸳鸯衾"用的锦。

宋代，蜀锦仍然占有重要的地位，但北方生产锦的水平也有很大的提高，朝廷还有专门的衙署来管理锦的生产和运输。彩锦还得到西北少数民族的喜爱，出现了用彩锦交换马匹的局面。两宋之后，又出现了元代的"纳石矢"金锦、明清苏州的"宋锦"（也叫"宋式锦"或"仿宋锦"）和南京的"云锦"，下面重点介绍云锦。

云锦的产生和发展与南京密切相关。南京的丝织业可追溯到三国东吴（222—280年）时期，东晋（317—420年）大将刘裕北伐至长安，又将长安的百工全部带到建康（今南京），其中的织锦工匠很多，这些织锦工匠继承了两汉之后的丝织技艺。417年，东晋在建康设立专门管理织锦的官署——锦署，这被看作南京云锦正式诞生的标志。

元代，云锦是皇家服饰专用品。明朝织锦工艺日臻成熟和完善，并形成了南京丝织锦缎的特色。其实清代前并无"云锦"的名称，明代皇家专用的缎子称库锦、库缎和妆花。"云锦"一词来源于清道光年间南京的"云锦织所"，由于所织的锦用料考究，织工精细，图案色彩典雅富丽，宛如天上彩云般瑰丽，绚烂如云霞，故称"云锦"；又由于只在南京生产，故又称"南京云锦"。清代在南京设有"江宁织造署"（曹雪芹的祖上曾任江宁织造几十年），这时的云锦品种繁多，图案庄重，

色彩绚丽,代表了云锦织造工艺的最高水平。南京云锦织造鼎盛之时拥有3万多台织机,近30万人以此为生,是当时南京最大的手工产业。

南京云锦是用老式的提花木机织造,织造云锦的操作难度和技术要求都很高。织造云锦需由拽花工和织手两人相互配合,拽花工坐在织机上层,负责提升经线;织手坐在机下,负责织纬、妆金敷彩,两个人一天只能织出两三寸,甚至到今天仍难以用机器替代,因而有"寸锦寸金"之说。织造云锦的一道工序是"挑花结本",采用通经断纬之法,用丝线(俗称"脚子丝")作为经线,用棉线(俗称"耳子线")作为纬线;织造匠人对照绘本制好意匠图,经线对应意匠图上的纵格,纬线对应意匠图上的横格,挑制成花纹样板;上机织造时,使每根"脚子线"与织锦上的每一根经丝一一通过织机大纤相连接,再通过"耳子线"提起应该起花的部分,织入彩纬或金线、银线、铜线及蚕丝、绢丝,甚至还有各种鸟兽羽毛等,使云锦的效果更加华贵和美丽。挑花结本是云锦生产工艺中的重要环节,是纹样由图纸过渡到织物上的桥梁,正如宋应星所说"凡工匠结花本者,心计最精巧"(《天工开物》)。

云锦的主要原料是蚕丝,蚕丝需经过拼股、染色、锤炼、上油、绷光等数十道工序,按照不同品种的要求加工成一定规格和颜色的经线和纬线,供上机织造。如果要织一幅78厘米宽的锦缎,在它的织面上就有14 000根丝线,织成所有花朵图案就要在这14 000根线上穿梭。

金银在云锦中大量运用，使得云锦更显得富丽堂皇，尤其是"三色金"的使用使得云锦的色彩更富于变化。真丝则是云锦最主要也是最基本的用材，它良好的吸色性在各种纺织材料中名列前茅。

到清代时，云锦可分为四个品种，即"花缎"、"织金"（可分为织金锦和织金缎）、"织锦"和"妆花"，其中"花缎"也叫"库缎"，织金锦亦称为"库金"。下面专门介绍一下"妆花"。

"妆花"是明代新创的多彩丝织物，用许多不同色线织成，花纹一般比较大，色彩非常丰富，有"走马看妆花"的说法。它的织造方法是，将一般通梭织彩改为分段换色，以通经断纬的方法织出局部的花妆彩，一件织物上可以织出十多种色彩，甚至多达二三十种颜色，织出的图案精妙美丽。故宫博物院收藏的明代"绿地花卉樗薄纹妆花缎"，上面有牡丹花、莲花、菊花和茶花的图案，不只是构图匀称和色彩丰富，而且织作精细，是妆花锦缎中的精品。

在清代的云锦织物中，"妆花"仍然是最华丽者。织工在作业时，可以边织边配色。如果有一排花朵且颜色不同，织工可以配出6色或9色，甚至多达18色，使色彩变化极其丰富，并且花形硕大，形象端庄。织工还可以在缎地上起彩色花纹，将同一纹样和同一色彩都用金线织出地子，上面再织出多彩的花纹，这种样式被称为"金宝地"，在"妆花"中亦属珍品。故宫博物院就藏有一件"折枝玫瑰花金宝地"云锦织品，它的立体感强，整个图案显得光灿夺目。

宋应星在《天工开物》中为云锦写的赞语说：

云锦梭梭功艰深，挑花结本最要紧；织锦工人多智慧，心计精巧胜天孙。

这里的"天孙"就是织女（星）。

7.9 公主的帽子

最初，西域地区的人们并不养蚕，他们使用的丝绸是来自中原的。当然，那里勤勉的百姓也想养蚕取丝，但中原朝廷有严格的规定，禁止养蚕技术外传。

汉武帝时，于阗（今和田）人想出了一条妙计：于阗国王以原藩属的身份派使节出使中原，提出联姻的请求，希望把一位汉朝公主娶到于阗。汉武帝为了西部边防的安全，答应了于阗国王的请求，决定将历城王刘和的女儿嫁给于阗王。

于阗国王非常高兴，他物色了一位聪明的使者，带着几名侍女一起去迎娶汉朝公主，出发前国王的智囊已经商量好如何说动公主主动配合，把蚕种带出关口。

于阗使者见到公主后，给公主看了于阗国王的画像，国王的英姿给公主留下了很好的印象，这多少减少了她远嫁的不情愿。然后，使者又以于阗的富有来炫耀，声称可以保证公主的生活中原化，这也多少使公主高兴了起来。

说到这里，使者假装表现出一些忧虑，却欲言又止。公主就命大家回避，她要与使者单独交谈。使者称，于阗富有是实，但仍然不能像中原大国那样应有尽有，特别是，于阗不能生产丝绸。公主认为这不难，多带一些丝绸到于阗就是了。但是，使者说带再多丝绸也有用完的时候，然后试探着问公主，能否带一些蚕种，让于阗人自己生产蚕丝，自己织出绸子呢？

公主对此是不敢贸然答应的，因为国家的禁令她是知道的。最终，公主说，即便要夹带蚕种，也要考虑周到。

后来公主想出了一个好办法：她将蚕种和桑籽放入凤冠之中，再塞进絮状的充填物。公主还在随嫁人员中安排了种桑、养蚕和纺织的工匠。

当公主到达边关时，这里的官员们搜来搜去，最后搜到公主的凤冠时，还是没有胆量打开凤冠认真检查。

出关之后，送亲的队伍就变成了迎亲的队伍，于阗国王也亲自远远地来迎接公主的到达。来年春天，桑籽被播下，在收获桑叶之时，蚕宝宝也被孵化出来。

唐朝大佛学家和旅行家玄奘也知道这个故事，便把这个故事记在《大唐西域记》之中，他还说他去印度路过于阗时，看到了几棵老桑树，当地人告诉他，这几棵桑树就是于阗王妃亲手栽下的。

7.10 丝绸之路和海上丝绸之路

丝绸之路(简称"丝路")在新疆可分为南、中、北三线，是古代贯通中西方的商路。"丝绸之路"的名称是德国地理学家李希霍芬(1833—1905年)于1877年提出的，他指的是"从公元前114年到公元127年，中国与河西地区以及中国与印度之间，以丝绸贸易为媒介的这条西域交通路线"。

2500年以前，中国的丝绸就开始源源不断地输送到西亚、希腊等地。分布在中亚西北直到黑海西北的塞人部落，通过他们的游牧方式，在公元前6—前5世纪，在中国和希腊城邦之间充当了最古老的丝绸贸易商，他们开辟了从天山北麓通往中亚和南俄罗斯的道路，这是最早的丝绸之路。不过，这一路线比起汉代以后的丝路要偏北一些。

在汉代，汉武帝为了联络西域各国夹击匈奴，派遣张骞两次出使西域。张骞一行经过千难万险，完成了西域之行。历史上把张骞的这次西行称为"凿空之旅"，这是一次空前的探险，一次开拓性、拓荒性的活动。张骞的两次西域之行，成功地打通了汉朝通往西域的道路，开辟了中外交流的新纪元(参见本书下篇的12.2节)。

此后，沿着张骞开通的道路，中外使者和商人们来往不断。西域出产的葡萄、核桃、大蒜等物品流入了汉朝，汉朝的先进农业生产技术、打井技术和炼铁技术也传入了西域。因为汉朝与西域各国交流的物品之中，以丝绸最有代表性，所以后来李希霍芬就把这条通商之路称为"丝绸之路"。

西汉末年，在匈奴的袭扰下，丝绸之路中断。公元73年，东汉的班超又重新打通了隔绝58年的通往西域之路（参见本书下篇的12.2节），并将这条路线首次延伸到了欧洲，到达了罗马帝国，罗马帝国使节也首次沿着丝路来到当时东汉的都城洛阳。这不但是欧洲和中国的首次直接交往，也真正形成了完整的丝绸之路。

到了唐代，则通过丝绸之路和西方44个国家保持着交往。

丝绸之路跨越2 000多年，涉及陆路与海路，按历史划分为先秦、汉唐、宋元、明清四个时期，按线路则有陆上丝路与海上丝路之别。

海上丝路开始于秦汉，兴于隋唐，盛于宋元，明初达到顶峰，明朝中叶因为实行了"海禁"而衰落。海上丝路的重要起点有番禺（后改称广州）、登州（今烟台）、扬州、明州（今宁波）、泉州、刘家港等，其中规模最大的两个港口是广州和泉州，广州从秦汉直到唐宋一直是中国最大的商港。

历代海上丝路，也可分三线：东洋航线由中国沿海至朝鲜、日本，南洋航线由中国沿海至东南亚诸国，西洋航线由中国沿海至南亚、阿拉伯和东非沿海诸国。

丝绸之路是古代中国同中亚、西亚和欧洲各国进行经济、文化交流的友谊之路。

7.11 欧洲的丝绸故事

中国与西方的丝绸贸易，早在公元前4世纪前就已开始，古希腊的历史学家就记载了西方与中国的丝绸贸易，在中国古代的《史记》和《汉书》中也都有所记载。两千多年以来，这种记载是非常多的，并且引起了后来学者的深入研究。

在古罗马，把丝绸作为衣料是一种极其奢侈的行为。有一位古罗马皇帝在见到柔软的丝绸时，实在不能找到什么样的词语来形容它，只是感叹着："真像一个美丽的梦！"还有一位作家和诗人也曾写道："如果人世间真有天堂的话，对于那些醉心于寻求天堂之乐的人们，你能有什么办法去阻挡他们呢？天堂是理想中的世界，可是人世间却真有像天堂似的美妙的东西，这就是来自天的边缘的赛里斯的丝绸。人们因为贪图这种肉体快乐，不避艰难险阻而往天涯海角寻求丝绸，就像迷恋上天堂一样无法阻挡。"见到罗马皇帝穿着丝绸袍子，更加剧了贵族们寻求丝绸的决心。

当时的西方人称遥远东方的中国为"赛里斯"，意思就是产丝之国。在最初，关于这个神秘的"赛里斯"只是一些道听途说，这些道听途说甚至被收入罗马大诗人维吉尔和博物学家普林尼的作品之中，他们笔下的赛里斯人"身高接近20英尺，过于常人，红发碧眼，声音洪亮，寿命超过二百岁"；"赛里斯国林中产丝，闻名世界，丝生于树上，取下湿一湿水，即可梳理成线……裁成衣服，光辉夺目"。

还有一些更加有趣的想象，像希腊诗人佩里莱斯特（公元前2世纪）认为丝绢由竹叶浸制而成，这种想象三百多年后仍在"发酵"。有一位希腊地理学家名叫波金尼阿斯（2世纪），他认为，赛里斯有一种小虫，"希腊人称为赛尔（Ser）……这虫的大小约二倍半于甲虫，它吐丝的现象就像树下结网的蜘蛛，蜘蛛八足，该虫也是八足。赛里斯人冬夏二季各建专门房舍畜养……先用稷养四五年，再用青芦饲养，这是这种虫最喜欢吃的食物。虫的寿命只有五年，虫因吃青芦过量，血多身裂而死，体内即是丝。"可见，从最早的记述（公元前4世纪）到此时，欧洲人经过了五六百年，对"赛尔"这种小虫仍然充满了想象。

来自遥远的"赛里斯"的丝绸，运输到罗马后价格极其昂贵，据说，每磅上等的丝绸要用12两黄金来交换。如此贵重的丝绸使大量黄金外流，为此罗马皇帝奥利连在2世纪带头不穿丝绸服装，并禁止贵族穿戴丝绸类织品。当然，这样的禁令作用有限，因为丝绸的魅力太大了，到3—4世纪，丝绸织品成为罗马帝国唯一的时尚服饰。

中国古代称罗马为"大秦"或"犁鞬"，由于罗马在"大海"的西边，所以也被称为"海西国"。罗马虽是丝绸贸易的大主顾，但要得到中国的丝绸实属不易，因为要经过一些中间的国家或地区，这些中间的国家或地区都想垄断丝绸贸易，为

此还曾发生过战争。

在东罗马,曾出现了一位英主,名叫查士丁尼,他也非常喜欢丝绸。当时也门的兴也特尔人从印度买到丝绸后再贩运到东罗马。然而,兴也特尔人的做法受到波斯人的警告,波斯人声称如果兴也特尔人再向罗马人贩卖丝绸,波斯人就要向兴也特尔人动武。对此,查士丁尼试图结交内陆的突厥,请突厥可汗调解东罗马与波斯的关系,以便东罗马仍能从贸易中得到丝绸,但却被波斯国王拒绝,甚至还把突厥使者杀掉。这使查士丁尼极其愤怒,为此他联合突厥可汗在571年发动了进攻波斯的战争,这次大战持续了20年,这场战争被欧洲人称为"丝绢之战"。

这场战争后,东罗马人试图找到一个更为实际的办法以图可以永远享用丝绸这种奢侈品。他们想:如果能自己培育出蚕,再种一些桑树,不就能获取蚕丝了吗?

东罗马人想得容易,做起来就艰难多了。这时有一个曾到过东方的传教士声称能搞到蚕种和桑籽,查士丁尼非常高兴地接见了他。皇帝允诺,如果成功,传教士会得到一大笔赏金。这个传教士便到了新疆的于阗(也有说他到达了中国的腹地),他的运气不错,这两样东西都搞到了。他还了解到,蚕种经过几天的孵化就可以得到蚕宝宝,桑籽种到土里就可以长出桑苗。由于这两样东西是被中国禁止外传的,传教士就把蚕种和桑籽装在竹制手杖之中,并顺利出关;又过了一年,他到达东罗马，见到了查士丁尼皇帝。查士丁尼自然是非常高兴的，但遗憾的是，传教士的记忆出了问题，他把蚕种和桑籽搞混了。他把蚕种播种到土地之中，而把桑籽放入怀中孵化。失败的结果让皇帝空欢喜了一场。好在当时君士坦丁堡（即今天的土耳其最大城市伊斯坦布尔）来了几位印度僧人，他们在见到查士丁尼之后，对皇帝讲他们有办法搞到这两样东西，特别是，他们还仔细调查过蚕的养殖技术。最终，他们如期将这两样东西带到了君士坦丁堡，孵化出的蚕虫嚼着桑叶，不久又吐出蚕丝。此后，欧洲的蚕业便以君士坦丁堡为出发点，逐渐地传播到全欧洲。

下篇

古代的科学

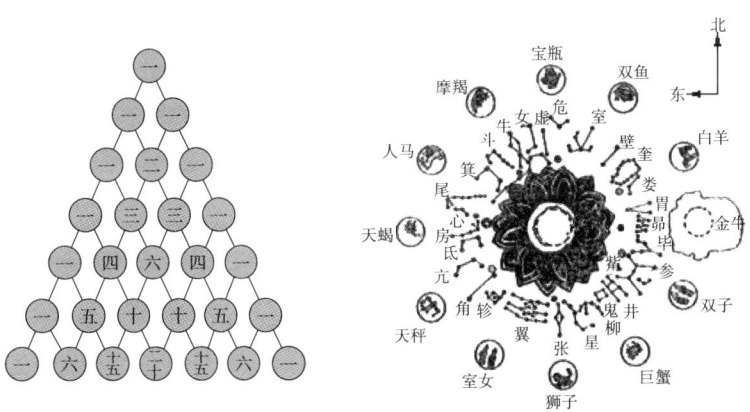

八、数学

中国古代数学的起源与发展,并不是十分久远的事情,不管依照谁的说法,大致上就是公元前几百年的事情,也就是东周时期(公元前770—前256年)或春秋战国时期(公元前770—前222年)。在中国古代数学中,最重要的就是有"十大算经"之称的数学经典著作,以及宋元数学家的高水平的研究成果。这些工作反映着数学自身的发展,也反映着数学的应用范围。此外,中外数学交流是中外文化交流的重要部分,对于中国数学发展也产生了积极的作用。

中国古代最基本、最重要的数学研究目标是服务于国计民生,注重计算,甚至《周髀算经》的作者对于提出的理论模型的讨论也需要计算。要计算就要有算法,而算法则要用计算工具来实现。所谓算法就是利用特定的计算工具的方法,因此,计算工具成为数学的必要依托。

8.1 八卦与二进制

相传,八卦为远古时期的伏羲氏所创制。殷末,周族人对八卦进行了定名和定义,后来还衍生出六十四卦。据说,地处西部的周族日益强大，遭到殷纣王的忌恨，借故把姬昌（公元前1152—前1056年，后被追封为周文王）囚禁在羑（yǒu）里（位于今河南汤阴），姬昌在这里对八卦进行了系统研究和全面的阐释。

阴阳在构成八卦上是一种基本和内在的成分，其指称和基本的含义简单明了。"阴阳"首见于《诗经·大雅》（"既景乃岗，相其阴阳"），原意就是背阴和朝阳。

八卦的原始含义并不神秘，它表示着8种自然现象：天、地、山、泽、水、火、风和雷。它们被认为是引起自然界演化和主宰人间祸福的8种元（因）素，经过一定的组合和相互作用就产生了世界万物。这8种元素都是通过阴爻（符号为"- -"）和阳爻（符号为"—"）的规则排列和相互作用来构成的。对这种演化过程，《周易》中做了具体的描述："是故易有太极，是生两仪；两仪生四象，四象生八卦。"

古人利用阴阳的对立和统一、消长和转化的关系解释各种自然现象和社会现象。例如，周幽王二年（公元前780年），首都镐（hào）京一带的泾渭洛三河流域发生地震，周王室的大夫伯阳父对此的解释是："阳伏而不能出，阴迫而不能蒸，于是有地震。"他认为，地震是阴阳受到压制而骤发的结果。又如，西汉淮南王刘安（公元前179—前122年）用阴阳解释雷电时说："阴阳相薄，感而为雷，激而为霆。"（《淮南子·天文训》）这就是说，雷霆是阴阳的相互作用形成的。

《周易》也将八卦符号化，它们还可实现二进制的数字化（表8-1）。

表8-1　八卦的符号化和数字化

八卦	乾	坤	震	巽	坎	离	艮	兑
含义	天	地	雷	风	水	火	山	泽
符号（卦象）	☰	☷	☳	☴	☵	☲	☶	☱
数字（卦数）	111	000	001	110	010	101	100	011

为了便于记忆，人们还传下来一个口诀，即：

乾三连，坤六断，震仰盂，艮覆碗，离中虚，坎中满，兑上缺，巽下断。

这样，对照着卦象，记住它们要容易些。

从八卦的符号化可以看出现实世界的某种对称性，八卦还可演化为64卦（384爻），并仍保持着这种对称性。

除了阴爻和阳爻的特定含义之外，规整的排列甚至反映着某种数学化的倾向，呈现着一种二进位制的简单结构。

8.2　算筹和筹算

中国古人所使用的计算工具叫作算筹，而利用算筹作为计算工具，进行计数、列式和计算的数学运算叫作筹算。一般的看法是，公元前5世纪，算筹在中国已经得到较为广泛的使用。

算筹，又称筹、策、算子等。算筹可以是质地各异的小棍，同一套算筹的长短粗细基本相同，不用的时候放在算袋或者算子筒里，使用时则摆放在特制的算板、毡或者桌面上。使用算筹计算的过程也常常被称为"运筹"。典籍记载算筹的尺寸为"径一分,长六寸",但从出土的算筹看,有许多的样式。

利用算筹进行计算时,要按照一定的规则把多枚算筹摆成数字,再利用算筹的摆布(操作)完成计算。一般是在专门的算毡上摆布,因为算筹在毛毡子上移动产生的摩擦力较大,不会自行滑动,甚至移动毡子对于摆放的算筹也不会产生影响。

用算筹摆放数字要依照一定的规矩,使用的数字叫作筹算数字,这是一种用十进位值制的数。筹算数字有纵式和横式两种(图8-1)。

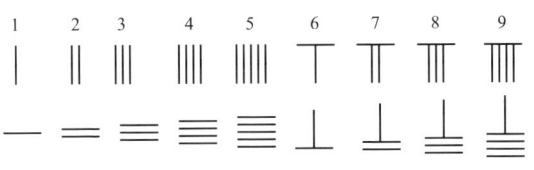

图8-1 纵式筹算数字(上)和横式筹算数字(下)

在表示一个多位数时,要把数字由高位向低位、从左向右横摆,而且各位数的筹式必须纵横相间:个位、百位、万位用纵式,十位、千位、十万位用横式。所以,有口诀:"一纵十横,百立千僵,千十相望,万百相当。"例如,图8-2中用算筹表示了6 728和6 708两个数字,其中"零"用空位表示。

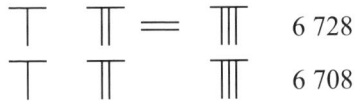

图8-2 用算筹表示的数字

筹算不仅有正负整数与分数的四则运算，还能开方，而且还包含着各种特定筹式的演算，例如，可以用筹式描述线性方程组问题。具体的运筹方法这里就不介绍了，有兴趣的读者可参阅相关书籍。

8.3 "小九九"的故事

以前小学生的铅笔盒里总会有排列成阶梯样式的"九九歌"（《九九乘法歌诀》），许多读者可能不知道的是，"九九歌"被广泛使用可追溯到春秋战国时代。最初的"九九歌"是从"九九八十一"始，到"二二如四"止，共36句。因为是从"九九八十一"开始，开头两个字是"九九"，所以，人们就把它简称为"九九歌"。大约到13—14世纪的时候才倒过来像现在这样"一一得一……九九八十一"。在《荀子》《管子》《淮南子》和《战国策》等书中就能找到"三九二十七""六八四十八""四八三十二""六六三十六"等句子，由此可见，早在春秋战国的时候，《九九乘法歌诀》就已经开始流行了。

关于"九九歌"，还有一个小故事。据说，春秋时的一代英主齐桓公为了广招贤人奇士，曾经广泛地贴出了"招贤榜"。"招贤榜"贴出了很久也没有人来应招，终于有一天，来了个应招的人。由于招贤榜贴出很久才有人来应招，兴奋的齐桓公亲自带人到招贤馆门口迎接。

没想到，来人二话没说，开口就朗声背道：九九八十一，九八七十二……二二如四。背完后,向着齐桓公深深地作了一个揖,等着齐桓公给他一个官位。

齐桓公和他手下的人听完后都哈哈大笑。齐桓公问道:会背九九歌有什么稀奇?这就表示你有才学吗?

来人一本正经地回答道:大王,会背九九歌实在算不上多有才学,但是大王如果对我这样一个只会背九九歌的人都能以厚礼相待的话,天下真有才学的人还会不接连来投奔您吗?

齐桓公听了,说:言之有理,那么先生就是我招来的第一位贤士了。果然,后来天下的各种贤人都纷纷来投奔齐桓公,依靠这些贤人齐国越来越强大了。

8.4 勾股定理

在西方,勾股定理被称为毕达哥拉斯定理,相传是古希腊大数学家兼哲学家毕达哥拉斯于公元前550年首先发现的。勾股定理在西方又称"百牛定理",因为毕达哥拉斯发现该定理后即斩百头牛来庆祝。

勾股定理是几何学中一颗光彩夺目的明珠,是整个几何学中最为重要的定理之一,有"几何学的基石"之称。定理内容是:在任意直角三角形中,直角边的平方和等于斜边的平方。在中国古代,将直角三角形中较短的直角边叫作勾(古人也写成"句"),较长的直角边叫作股,斜边叫作弦,所以称为勾股定理(图8-3)。

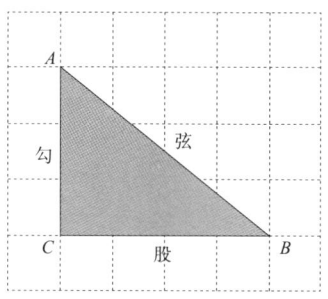

图8-3 直角三角形诸边之名称

勾股定理有着极为广泛的应用,古人对它进行了广泛深入的研究,以至于判断古代数学发展水平的一个标准就是能否论证勾股定理,可见勾股定理在数学中的地位。

中国最早的数学著作《周髀算经》的开头,记载着一段周公(姬昌第四子,周武王姬发的弟弟)向周初的数学家商高请教数学知识的对话。周公问:我听说您对数学非常精通,我想请教一下,天没有梯子无法上去,地也没法用尺子去一段一段丈量,那么怎样才能得到关于天地的数据呢?商高回答说:数的产生来源于对于方和圆这些形体的认识,其中有一条原理是,当直角三角形的一条直角边等于3,另一条直角边等于4的时候,它的斜边就必定是5,这个原理是大禹在治水的时候总结出来的。从这段对话中可以清楚地看到,商高提出了"勾三、股四、弦五"的看法,说明古人早在3 000多年以前就已经发现并能应用勾股定理了。所以,在中国也把"勾股定理"称为"商高定理"。

如果说大禹治水因年代久远而难以确证的话，那么周公与商高的对话则可以确定是在公元前1100年的西周时期，这比毕达哥拉斯早了500多年。在《九章算术》中，勾股定理得到了一般性表达，书中的"勾股章"说：把勾和股分别自乘，然后把它们的积加起来，再进行开方，便可以得到弦。

中国古代数学家不仅很早就发现并应用了勾股定理，而且很早就尝试对勾股定理做规范证明。最早对勾股定理进行证明的是三国时期吴国的数学家赵爽。赵爽创制了一幅"弦图"（图8-4），用形数结合的方法，给出了勾股定理的规范证明。在这幅弦图中，以弦为边长得到的大正方形 ABDE 是由4个相同的直角三角形再加上中间的一个小正方形组成的。每个直角三角形的面积为 $ab/2$；中间的小正方形边长为 $b-a$，则面积为 $(b-a)^2$；大正方形的面积是4个直角三角形与小正方形面积之和，即：$2ab+(b-a)^2=c^2$，化简便得：$a^2+b^2=c^2$。

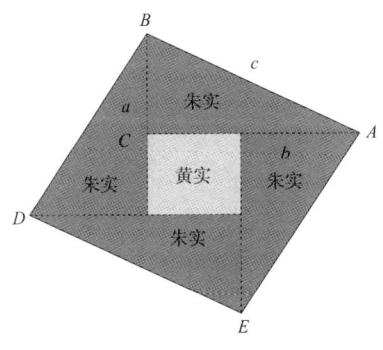

图8-4 赵爽弦图

赵爽用几何图形的截、割、拼、补来证明代数式之间的恒等关系,既具严密性,又具直观性,为中国古代数学以形证数、形数统一、代数和几何紧密结合互不可分的独特风格树立了一个典范,以后的数学家大多继承了这一风格并且有所发展。例如,刘徽在证明勾股定理时也使用了以形证数的方法,只是对图形的分合移补略有不同而已。

中国古代数学家们对于勾股定理的发现和证明,是对世界数学发展的独特贡献,尤其是所体现出的"形数统一"的思想方法具有重大的意义,这种方法是数学进一步发展的一个极其重要的条件。正如当代中国数学家吴文俊(1919—2017年)所说:"在中国的传统数学中,数量关系与空间形式往往是形影不离地并肩发展着的……十七世纪笛卡儿解析几何的发明,正是中国这种传统思想与方法在几百年停顿后的重现与继续。"

8.5 《九章算术》与刘徽

《九章算术》是中国古代最著名的传世数学著作,是中国古代最重要的数学典籍,一直是中国古人学习数学的首选材料,历史上曾作为朝廷颁定的首选数学教科书使用,对中国古代数学和数学教育的发展发挥了巨大的作用。

《九章算术》包括9个组成部分,就是"九章",名称分别为方田、粟米、衰分、少广、商功、均输、盈不足、方程、勾股。

其中前6章分别是数学在社会生活的不同领域中的应用，后3章提供了可用于各个领域的3种常用的数学模型。

《九章算术》实际上构成了一个开放的数学体系，并且对中国数学的发展具有引领性的意义，特别是其中的数学模型——盈不足、方程、勾股。

《九章算术》成书于西汉，由张苍、耿寿昌在先秦遗文的基础上删补编成，后来为之注疏的数学家中以刘徽最为有名。刘徽对古代数学的贡献是巨大的，他的主要数学思想大都体现在《九章算术注》中，以注文的形式来表述，见解非常深刻。他的研究成果奠定了中国古代数学的理论基础，在一定程度上，他把《九章算术》这样一部数学著作构建成了一种理论体系，对中国古代数学思想的发展起到了关键的集成与促进作用。

刘徽在求解圆周率（圆周与直径之比）方面做出了重要贡献，具体地表现在他提出了极限的思想，他是把极限思想具体化为数学方法并在数学中加以应用的第一人。下面以割圆术为例来具体介绍。

什么叫"割圆术"？"割"就是"分"的意思，就是将圆细分成很多等份。画一个顶点在圆周上且边长都相等的多边形，可求出正多边形的边长，多边形的边数越多，多边形的边长就越接近圆的周长，算出的圆周率就越精确（图8-5）。

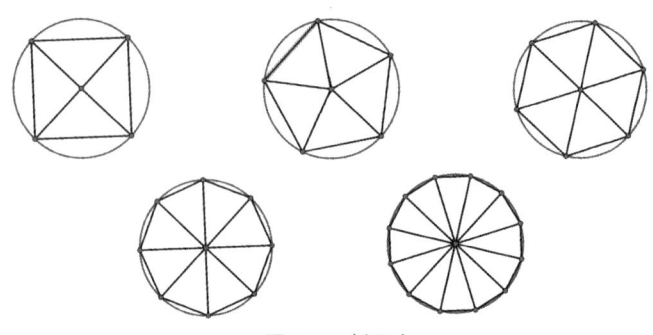

图8-5 割圆术

刘徽得出了一个非常好的圆周率数值,即3.14,也可写成 $\frac{22}{7}$,称为"徽率"。

8.6 祖冲之与祖率

古代大数学家祖冲之(429—500年,字文远)是范阳遒县(今河北省涞水县)人,他是南北朝时期著名的数学家、天文学家和机械专家。

祖冲之不但精通天文、历法,在数学方面,他对求"圆周率"(今人写成希腊字母π)也做出了杰出的成就,超越了前人。

最初,古人知道的一个圆周率是"3",箍木桶木盆的匠人都知道"径一周三",就是木桶的周长是直径的3倍。

在祖冲之之前,西汉末年的数学家刘歆算出圆周率是3.154 7;东汉的科学家张衡算出圆周率约为3.162 2;到了三国末年,数学家刘徽创造"割圆术",使圆周率的研究获得了重大的进展(参见上节)。

祖冲之借助割圆术进一步推算出圆周率的真值介于3.141 592 6～3.141 592 7之间，这个精确度直到15世纪才为阿拉伯人所超越；他算出来的圆周率还能以分数 $\frac{355}{113}$ 表述，这被数学界称为"祖率"，西方人16世纪才重新得到它。

祖冲之的祖父祖昌曾任南朝刘宋的"大匠卿"，掌管土木工程；祖冲之的父亲也在朝中做官，学识渊博，受人敬重。祖家历代都对天文历法有所研究，故祖冲之从小就有机会接触天文、数学知识，青年时代祖冲之就得到了博学多才的名声。464年，他任娄县县令，编制了《大明历》，其中首次引入了岁差，是中国历法史上的一次重大改革。他还引入了391年中设置144个闰月的新闰周，比19年7闰月的闰周更加精密。祖冲之推算的回归年和交点月天数与现代观测值非常接近。

另外，祖冲之与儿子祖暅提出了"祖暅原理"，用现代语言表述就是：夹在两个平行平面间（等高）的几何体，如果被平行于这两个平面的平面所截，截得的平面图形面积总相等，则这两个几何体的体积相等。这就是后来意大利人卡瓦列利在17世纪独立提出的"卡瓦列利原理"。

8.7　十大算经

在中国传统的数学著作中，除了《九章算术》之外，还有许多优秀的数学著作，较为出名的有《周髀算经》《海岛算经》《张丘建算经》《夏侯阳算经》《五经算术》《缉古算经》《缀

术》《五曹算经》《孙子算经》,加上《九章算术》(亦称《九章算经》),总共10本,统称"算经十书"或"十大算经"。这10本数学著作大多成书于秦汉至隋唐的一千余年间,并且作为隋唐时期的算学教科书沿用了很长时间。

至宋朝时,随着雕版印刷术的出现,当时的人们打算印刷这10本算经,然而《缀术》已经失传,便用《数术记遗》代替。再至明清时,由于人们对算学不够重视,这10本算经几乎再次失传,随着《四库全书》编修工作的开展,学者们重新搜寻整理数学著作,这10本算经才较好地保存至今。

这10本算经中,《九章算经》在前面的8.5节已做过简单介绍,这里再对另外9本算经的特点做简要的介绍。

1.《周髀算经》

在这些算经中,《周髀算经》成书最早,它由西汉前的天文学与算学先贤所编著,是中国古老的天文学和算学著作,其中包括四季更替、气候变化知识,并且运用数学推演计算天文历法、揭示日月星辰的运动规律。最为著名的便是利用"勾股定理"进行天文计算。

2.《孙子算经》

"鸡兔同笼"是一道著名的数学问题,出自《孙子算经》之中,即:

今有雉兔同笼,上有三十五头,下有九十四足,问雉兔各几何?

此题今天的解法是：

设鸡有 x 只，则鸡的腿有 $2x$ 条；设兔有 y 只，则兔的腿有 $4y$ 条，列方程如下：

$$\begin{cases} x + y = 35 \\ 2x + 4y = 94 \end{cases}$$

解得 $x=23$，$y=12$，即鸡有23只，兔有12只。

《孙子算经》成书于两晋南北朝时期，作者的生平已经无从考究。除"鸡兔同笼"问题外，书中十分出名的还有"物不知数"的同余数问题（详见下文8.8节关于秦九韶的介绍），此后出现了类似的"韩信点兵""鬼谷算""隔墙算"等同余数问题。

例如，"韩信点兵"的故事是说：楚汉相争的一次战役，韩信率1 500名将士苦战一场，汉军死伤400余人，于是韩信整顿兵马返回大本营。忽然楚军骑兵追来，汉军已十分疲惫，大家十分恐慌。韩信见来敌不足500人，便急速点兵迎敌：他命令士兵3人一排，结果多出2名；命令士兵5人一排，结果多出3名；他又命令士兵7人一排，结果多出2名。韩信马上向将士们宣布：我军有1 073名勇士，敌人不足500人，我们以众击寡，一定能打败敌人。汉军士兵听了韩信的"神机妙算"，士气大振，交战不久，汉军大胜。

在这里，韩信运用算学知识巧妙而迅速地计算出了士兵的数量。这类问题在《孙子算经》中有明确的解答，后来南宋数学家秦九韶提出了解法这类问题的一般方法"大衍求一术",西方人把这一解法称为"中国剩余定理"。

3.《海岛算经》

魏晋时期的数学家刘徽不仅为《九章算术》作注,而且还撰写了《海岛算经》一书。《海岛算经》中涉及的问题全部是高度与距离的测量和计算,大多通过测杆、横棒等简单工具对不可及的目标进行多次的观望测量,来推算目标的高度或者距离(图8-6)。

图8-6　《海岛算经》中的插图

刘徽给出的解法运用了出入相补的传统方法,由于篇幅有限这里不赘述,现在可以用简单的三角形相似原理列出方程组求解。

刘徽巧妙地运用了多次测量的方法,对遥远的目标进行了有效的测量。对这种测量方法,有现代美国学者赞道:"在测量数学的领域,中国人取得的成就,曾超过西方世界一千多年。"

4.《张丘建算经》

《张丘建算经》为北魏张丘建所编写,主要内容有最大公约数与最小公倍数的计算,各种等差数列问题的解决,一些不定方程问题求解等。最为著名的便是"百鸡问题":

鸡翁一值钱五,鸡母一值钱三,鸡雏三值钱一。百钱买百鸡,问鸡翁、母、雏各几何?

设鸡翁、鸡母、鸡雏的数量分别为 x、y、z,可列方程组如下:

$$\begin{cases} x+y+z=100 \\ 5x+3y+\frac{1}{3}z=100 \end{cases}$$

如今我们称这种问题为"不定方程"。上述方程组中两个方程需要解3个未知数,所以这个方程组解出来有多组答案;又由于有"鸡必须是整数只"的条件限制,所以并非无穷多解。此题的答案有3组,鸡翁、母、雏的数量分别为:①4只、18只、78只;②8只、11只、81只;③12只、4只、84只。

在中国数学史上,"百鸡问题"开创了一问多解的先例。

5.《五曹算经》

北周甄鸾所作、唐代李淳风作注的《五曹算经》是一本十分实用的数学著作,"五曹"指的是"田曹""兵曹""集曹""仓曹""金曹"这5类政府人员，《五曹算经》便是为这些官员的日常工作服务的。比如，"田曹"需要计算土地的田亩（面积），"兵曹"需要计算军队配置、装备和辎重等问题，"集曹"需要计算贸易流通的来往交换问题，"仓曹"需要计算粮食税收、仓库设计等问题，"金曹"需要计算丝织物长宽以用来交易等。这些涉及行政事务的算学问题也给后人留下了宝贵的历史资料。

6.《五经算术》

《五经算术》也是北周甄鸾所作，书中对《易经》《诗经》《尚书》《礼记》《论语》《左传》等儒家经典及其古注中与数学有关的地方详加注释，对研究传统经学的人有一定的帮助。

7.《缉古算经》

《缉古算经》是唐代王孝通所著，书中涉及建筑结构、运河开凿、天文仪器修建等实际施工计算问题，并且在建立、求解三次方程上取得了显著的成就，比西方数学家对三次方程的求解要早600余年。在当时的算学教育体制中，许多教材一年之内即可学完，《缉古算经》则要学习3年，足见书中数学知识的高深程度。

8.《夏侯阳算经》

《夏侯阳算经》是唐代的一部算书，作者不详。书中引用了当时流传的乘除法问题，解答日常生活中的应用问题，保存了很多数学和文化史料。

9.《缀术》和《数术记遗》

《缀术》是由祖冲之父子编著而成的。在国子监作为算学教材的算经中,《缀术》的学习时间在4年以上,可见其内容之深奥,许多学者因为看不懂而作罢,以至于最后无人问津。经过五代十国的战火,文物书籍损失惨重,直到北宋重新统一,人们想要重新拾起《缀术》这部算学经典时,发现它已经永远地消失在了中华历史的长河之中。

《数术记遗》的作者是东汉数学家、天文学家徐岳,他在书中介绍了14种计算方法,特别是第一次为珠算定名并设计出珠算盘的样式。

8.8 宋元四大家

唐王朝衰落,五代十国战乱纷争,算学在这段时期也几乎没有发展,甚至出现了倒退。直至北宋时期,经济繁荣,文化昌盛,包括算学在内的诸多学科又攀上了新的高峰。宋、元时期,涌现出了一批数学名家,其中最为出名的是秦九韶、李冶、杨辉和朱世杰,世称"宋元四大家"。

1. 秦九韶

秦九韶(1208—1261年,字道古)是普州安岳(今四川安岳)人,他历任琼州知府、司农丞,后遭贬谪,卒于梅州任所。

秦九韶自幼聪明好学,他的父亲又是朝廷掌管建筑和书籍的官员,所以他有条件学习各种知识并拜访名家,积累了丰

富的知识。考中进士之后，秦九韶在各地为官，政务之余他潜心钻研数学。他36岁时，母亲去世，在守孝时，秦九韶完成了一部数学方面的巨著——《数书九章》，并提出了"大衍求一术"（后来被西方人称为"中国剩余定理"）。他还提出了"正负开方术"，被称为"秦九韶算法"。

"大衍求一术"是用来解决《孙子算经》中的"物不知数"这一经典问题的，问题的表述很简单，即：

今有物不知其数，三三数之剩二，五五数之剩三，七七数之剩二。问物几何？

这就是说，一个数被3除余2，被5除余3，被7除余2，问此数为几？对此可用"大衍求一术"来解决，即：

找3和5的公倍数，并且此数除以7余1，然后取这些数中的最小值15；

找5和7的公倍数，并且此数除以3余1，然后取这些数中的最小值70；

找3和7的公倍数，并且此数除以5余1，然后取这些数中的最小值21。

不难看出，"大衍求一"就是余数为1。

然后，将70乘以2，这个2就是题目中的某数"被3除余2"的2，以此类推，将21乘以题目中"被5除余3"的3，将15乘以题目中"被7除余2"的2；最后相加：（70×2）+（21×3）+（15×2）=233，这个数减去3、5、7的最小公倍数105或105的倍数,得:$233-105\times 2=23$。

正负开方术是一种将一元 n 次多项式的求值问题转化为 n 个一次式的算法,这大大简化了计算过程。这里将一元 n 次多项式写成现代的形式,即:

$$f(x)=a_nx^n+a_{n-1}x^{n-1}+\cdots+a_1x+a_0$$

这需要进行 $2n-1$ 次乘法计算和 n 次加法计算,而秦九韶算法是这样计算的:

$$\begin{aligned}f(x)&=a_nx^n+a_{n-1}x^{n-1}+\cdots+a_1x+a_0\\&=(a_nx^{n-1}+a_{n-1}x^{n-2}+\cdots+a_2x+a_1)x+a_0\\&=[(a_nx^{n-2}+a_{n-1}x^{n-3}+\cdots+a_3x+a_2)x+a_1]x+a_0\\&\quad\vdots\\&=\{\cdots[(a_nx+a_{n-1})x+a_{n-2}]x+\cdots+a_1\}x+a_0\end{aligned}$$

每次对多项式的简化就像"剥洋葱皮"一样,将高阶次幂"一层层地剥开",最后括号的中心剩下一个一次多项式,这样再进行运算时,只需要进行 n 次乘法计算和 n 次加法计算即可,大大地节省了计算的时间。今天在利用计算机解决多项式的求值问题时,秦九韶算法依然是常用的算法。

秦九韶的三斜求积术是计算三角形面积的,已知某不规则三角形三边长,即可用此术求得该三角形面积。秦九韶在《数书九章》中写道:"以小斜幂,并大斜幂,减中斜幂,余半之,自乘于上;以小斜幂乘大斜幂,减上,余四约之,为实;一为从隅,开平方得积。"这里的"斜"指边长,"小斜"即最小边

长,"幂"指平方。在西方,这种求三角形面积的公式被称为"海伦公式",是由古希腊学者阿基米德发现并推导出来的,该公式可写成:

$$S=\sqrt{p(p-a)(p-b)(p-c)}$$

其中,S 为三角形面积,p 为三角形周长的一半即 $\frac{a+b+c}{2}$,a、b、c 分别为三角形三边长。运用这种方法,在测量土地或建筑的面积时,只需要测三条边的长度,即可算得三角形面积,使用起来方便快捷。

2. 李冶

李冶(1192—1279年,原名李治,字仁卿,自号敬斋)生于金朝末年的真定栾城(今河北石家庄),自幼才能出众。他刻苦攻读,考中了进士。做官期间清廉正直,但金朝不久便被元朝所灭,李冶只得流落他乡。在流落他乡的日子里,李冶热衷于数学、文学、天文学和历史研究,对数学中的"天元术"做了高度的总结,并编著了一部数学著作《测圆海镜》。后来,他返回家乡,创办学院,讲授知识,并完成了另一部数学著作《益古演段》。元朝皇帝忽必烈爱惜他的才学,曾请他出山,但时间不长便返回家乡,不久就去世了。

《测圆海镜》中的许多问题都是围绕着求直角三角形内切圆直径而展开的,阐明了三角形边长与内切圆直径的内在关系。更为重要的是,《测圆海镜》成体系地将符号代数引入算术中,这种符号代数在求解方程时应用,其形式被称为"天元术"。

所谓天元术,其实与今天的列方程十分相似。像 x^2、x^3、y^2、y^3 等形式的代数式,古人要用纯文字来描述,在列较为复杂的方程组时,满篇的文字显得很乱,也不方便阅读,李冶的天元术可以使复杂的"中文方程"更加直观。比如,"立天元一为某某"就是今天的"设 x 为某某"的意思,不同的层分别表示 x 的不同次幂。在图8-7中,写有"元"的一行便是一次幂,根据算筹的写法(参见上文的8.2节),不难看出这一行为"4 184x",它的上一行则是"336x^2",最上面是"x^3",最下面一行则是常数"2 488 320",列在一起便是方程:

$$x^3+336x^2+4\,184x+2\,488\,320=0$$

相比满篇的方块字,这种形式的方程可谓一目了然。

图8-7 天元术

3. 杨辉

杨辉(生卒年不详,生活在13世纪,字谦光)是钱塘(今浙江杭州)人,曾担任过南宋朝廷的地方官员,更为后人所熟知的身份是数学家和数学教育家。杨辉一生中留下了许多著作,如《九章算术详解》《日用算法》《杨辉算法》,其中包括

"杨辉三角""纵横图""垛积术"等。

杨辉三角(图8-8)又称贾宪三角,最先由北宋贾宪所创,后杨辉在整理前朝数学家的学术工作时再度完善之并用图的形式来表现。它的形式是两条斜边都是由数字1组成的,而其余的数则等于它肩上的两个数之和。杨辉三角在西方称为帕斯卡三角,帕斯卡(1623—1662年)是法国数学家和物理学家,比杨辉晚大约400年。

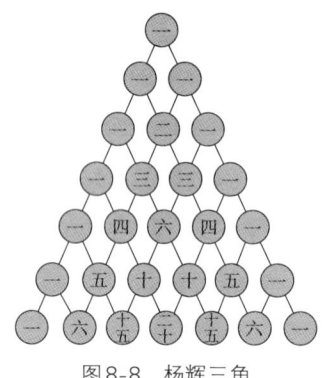

图8-8 杨辉三角

杨辉三角表示二项式展开时的系数,比如$(x+y)^2$的展开式为$x^2+2xy+y^2$,"二次方"的系数就是1、2、1,这就是杨辉三角中的第三行。立方、四次方……运算的结果都有相对应的系数,这样,通过查找图中的某行而不用展开运算,即可快速地展开高次二项式。当然,如今杨辉三角不仅仅可以用来查找系数,它更在计算机编程、运算中发挥着作用。

杨辉的另一大成就是"纵横图"。纵横图亦称"幻方",早在我国古籍《周易》中就有记载,其中记载的最为经典的三阶幻方(3×3)也称为九宫图(图8-9),图中数字用圆点或圆圈的个数表示,参见图8-10的第三图。

纵横图自古被视为包含万物规律的神秘图案,除了本身的数学意义外,它还对中国古代文化产生了深远的影响。在此仅在数学意义上简单地介绍一些纵横图。

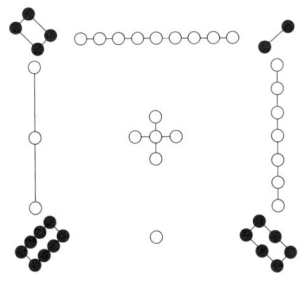

图8-9 九宫图(河图)

纵横图的规则很简单:从一到若干个数的自然数排成纵横各为若干个数的正方形,使在每一行、每一列和对角线上的几个数的和都相等。比如"五阶幻方",它有25个格子,也就是将1到25的这25个数字填入格子中,使幻方中每一行、每一列以及对角线的和都为65。

千百年来,人们大多将在纵横图格子中填写数字当作玩耍消遣的游戏,填写数字多靠猜测和尝试,而杨辉则深入研究了纵横图,归纳出填写纵横图的技巧与方法。

对"三阶幻方",杨辉给出了简单的"填空"口诀:"九子斜排,上下对易,左右相更,四维突出。"如图8-10所示,将正常排列的9个自然数依次排入方格之中,九宫格右转45°,所谓"上下对易,左右相更"是将上下的1和9以及左右的7和3相互对调位置,"四维突出"则是将左上、右上、左下、右下的4、2、8、6拉出来,重新形成一个正着摆放的九宫图。

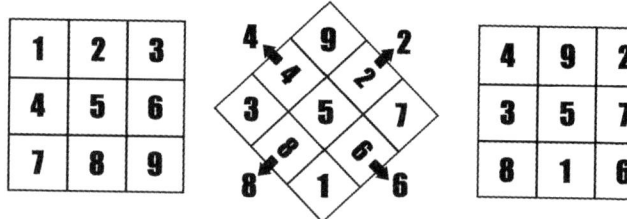

图8-10 四阶幻方的变换法

相应地,更高阶次的幻方也有相应的方法,如"四阶幻方"(图8-11),同样是先将自然数1至16按顺序排列,然后沿中心点方向交换对角线上的数字,将1和16、4和13、6和11、7和10进行位置的对调;再沿中心点方向交换非对角线上的数字,将2和15、3和14、5和12、8和9进行位置的对调,即可完成"四阶幻方"的填入。

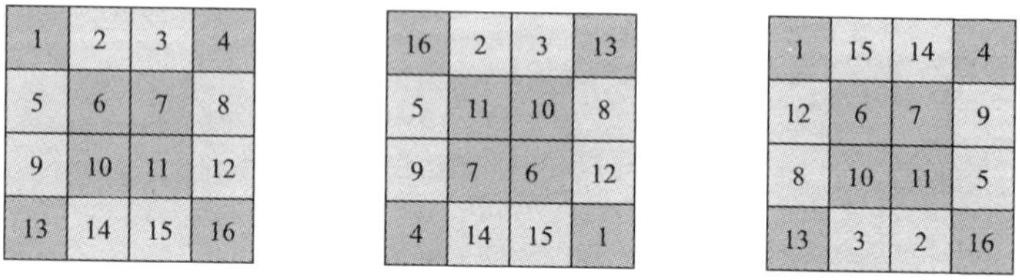

图8-11 四阶幻方的变换法

再复杂一点的,如"六阶幻方"(图8-12),需要将自然数1至36填入表格,非常巧妙的方法是,根据上述"四阶幻方"的填写方法,先将1至36中间的16个数字11至26填入中心4×4的方格中,然后再将1至10以及27至36,一大一小地"围"住中间的"四阶幻方",即可快速得到"六阶幻方"的解。

28	4	3	31	35	10
36	26	12	13	23	1
7	15	21	20	18	30
8	19	17	16	22	29
5	14	24	25	11	32
27	33	34	6	2	9

图8-12 六阶幻方的填充

诸如此类,像"十阶幻方"也可以化为四个"五阶幻方"进行快速求解。有兴趣的读者可以查阅相关的书籍,这里不再赘述。

4. 朱世杰

朱世杰(1249—1314年,字汉卿,号松庭)是元朝杰出的数学家,他广泛学习前辈数学家的理论,也从事数学教育工作,总结出以普及当时各种数学知识为宗旨的《算学启蒙》;而他最著名的成就,是在"天元术"(参见上文的图8-7)的基础上发展出了"四元术"(图8-13)并编著相关著作——《四元玉鉴》,这是解四元高次多项方程式的方法。

物²地²	物²地	物²	人物²	人²物²
物地²	物地	物(u)	人物	人²物
地²	地(y)	太	人(z)	人²
地²天	地天	天(x)	天人	天人²
地²天²	地天²	天²	天²人	天²人²

图8-13 四元术

从现代的角度看,四元术即"四元高次方程理论",常数项放在中央,即"太";然后"立天元一于下,地元一于左,人元一于右,物元一于上","天、地、人、物"这四"元"代表未知量,相当于如今的 x、y、z、u;四元的各次幂放在上、下、左、右4个方向上,其他各项放在4个"象限"中。

《四元玉鉴》中的数学成就除了四元术,还有垛积术(高阶等差数列求和)、招差术(高次内插法)。

美国科学史家萨顿(1884—1956年)在看完《四元玉鉴》后,曾这样评价:"朱世杰是他所生活的时代的,同时也是贯穿古今的一位最杰出的数学家。"这一评价对于宋元四大家都是适用的,他们的数学研究成果体现着这一时期世界数学的最高水平。

8.9 利玛窦和《几何原本》

世界上有三大宗教,就是佛教、伊斯兰教和基督教。这三大宗教都先后传入中国,其中基督教较晚。基督教又分为三大教派——天主教、东正教和新教(有时中国人所说的基督教或耶稣教特指新教),最先传入中国的教派是天主教,它也称罗马公教或加特力教。

最早来华传教的教士之一是利玛窦(1552—1610年,图8-14),他是天主教耶稣会派来传教的。利玛窦是他的中国名字,其原名是玛太奥·里奇,按照中国的习惯,他还有字西泰,号清泰、西江、大西域山人、利山人和西泰子。

图8-14 利玛窦

利玛窦是意大利人。少时的利玛窦就想投身宗教事业,并进了教会学校学习神学。利玛窦的父亲曾希望他学习科学,并把他送到罗马去学习,利玛窦的学习十分认真,各科成绩都好。经过几年的学习,他又产生了到东方传教的想法。1578年,利玛窦乘船去东亚,先在印度工作,后到了澳门,并开始学习汉语和了解中国。1582年,利玛窦与同伴到了广东肇庆,当时的肇庆知府王泮接见了他们,并为他们建了教堂,后来利玛窦在此主持传教工作。1589年,利玛窦又转到广东韶州(今韶关市)。利玛窦向中国人介绍了不少科学知识,如西方数学和天文学知识,并且刻印世界地图,介绍地理学知识。利玛窦还向中国人馈赠三棱镜(国人误认为这是一种"无价的宝石")。利玛窦带来的天文仪器、三棱镜和世界地图使中国人大开了眼界,一些开明的知识分子特别欢迎利玛窦带来的科学知识,许多知识分子都愿意同利玛窦交朋友。

1595年,利玛窦决心继续北上,1600年,利玛窦和庞迪我(1571—1618年,1599年来华)一起来京"进贡"。他们的"贡品"送入内廷后,万历皇帝对贡品很有兴趣,特别是两座时钟和西洋琴,被视为天下奇物,也很喜欢听庞迪我演奏西洋琴。为此,万历皇帝恩准他们留居京师,这对利玛窦传教是大为有利的。

1607年,利玛窦和徐光启合作,成功翻译了《几何原本》,他们还合作翻译了不少其他西方科学著作。利玛窦还同李之藻(1565—1630年)合作翻译了西方天文学著作,并且用数学解释了一些中国天文学理论,这对中国天文学的发展具有一定意义。经过比较,徐光启等人大胆地采用了不少西方天文学的数据和方法,对我国传统历法进行了改革。

利玛窦传入的世界地图则更加引起中国人的好奇和兴趣。最早的《万国全图》是中国人见到的第一张世界地图,25年间(1584—1608年),它被不断翻印和摹绘达12次,流传极广。后来,利玛窦还传入多种地图(册),包括《世界图志》(1595年)、《舆地全图》(1600年)、《坤舆万国全图》(1602年)等10余种,并且绘制了第一张标有经度和纬度的中国地图。这些地图使中国人了解到许多新知识,如大地为球形、地图投影方法、地球上的海陆分布,以及世界其他国家的知识等。

利玛窦传入中国的许多科学知识都是第一次为国人所知，引起了中国知识分子的敬佩，徐光启盛赞他是"海内博物通达君子"。同时，利玛窦来华后也了解了许多中国的科学文化和生活习俗，如中国的茶叶和饮茶法、中国漆等，他还把《四书》翻译成了拉丁文。他把欧洲文化介绍给中国人，把中国文化介绍给欧洲人，为中西文化交流做出了巨大的贡献。

8.10 梅氏数学世家

在清代有一个很有影响的数学世家，这就是以梅文鼎（1633—1721年）为首的梅氏家族。

梅文鼎（字定九，号勿庵）出生在安徽宣城（今宣州）一个名门望族家庭，他的远祖可追溯到北宋著名诗人梅尧臣，曾祖和祖父都做过明朝的地方官吏。明亡之后，梅文鼎的父亲就在家隐居，研习古代经典。父亲和塾师罗王宾常常带着梅文鼎一起观察天象，并且为他讲解天体运动的知识。

梅文鼎9岁时就能熟诵五经，14岁时便考中秀才，是一个远近闻名的神童。梅文鼎在青年时期就决心以毕生的精力研究天文学和数学，他先后学习了《崇祯历书》和其他的天文著作，并且系统地学习了西方天文学和数学知识，这为他日后的研究打下了坚实的基础。

为了进行科学研究，梅文鼎曾数次到金陵（今南京市）访问一些学者，与他们交流。老年的方以智（1611—1671年）曾

向梅文鼎索取其科学著作来进行研究,方以智的儿子方中通(1634—1698年)也与梅文鼎保持着良好的学术关系,他们俩甚至住在一起进行研究达8个月之久。1689年,梅文鼎来到北京,他想访问著名的传教士南怀仁(1623—1688年),遗憾的是,南怀仁去世了,但是他同通晓数学的传教士安多(1644—1709年,比利时人,1684年来华)等人研究过一些数学问题。此外,在京师期间,他还应邀收徒,传授历算知识。

梅文鼎一生勤于著述,他活到89岁,写出的著作有86种,他的许多书都是在别人出资赞助下才得以出版的。各地的学者纷纷投到梅文鼎的门下问学,就连爱好科学的康熙皇帝也十分敬慕梅文鼎。康熙四十四年(1705年),康熙南巡回京至德州,在舟中召见梅文鼎,就有关历算的问题长谈了3天,并且亲书"绩学参微"四字赐给他。后来,梅文鼎去世,康熙还特命江宁织造曹寅(《红楼梦》作者曹雪芹的父亲)为他办理丧事,在当时来说,这是一种莫大的荣誉。乾隆时期编纂的《四库全书》收录梅文鼎所写的书有29种。

在天文学研究上,梅文鼎的成就可以分为3个方面:

(1)将中国古代的星图和西方的星图相比较。他把中国星图上有名而外国无名以及外国有名而中国无名的星都加以注明,并列出了古代二十八宿与近代星座对照表。

(2)创制"月道仪"。他在北京观象台上见到了元代天文学家郭守敬研制的天文仪器和后来新制的天文仪器,对于它们的优劣都有独到的见解。他创制了"月道仪",这是一种设计合理、运转自如的天文仪器。

(3)对于月食和日食的推算方法("交食法")深有研究。在中国古代天文学的发展中,晋代姜岌、北齐张子信和元代郭守敬都对日食很有研究,交食预报已很准确;后来,明末徐光启又引进西方天文学方法。梅文鼎融通两法,提出了更加准确的交食预报方法。

在数学研究上,梅文鼎的成就是多方面的:

(1)提出了勾股定理的3种新的证明方法。

(2)独立发现黄金分割法。所谓黄金分割就是,给定线段AB,从AB上找出一点C,满足$AB:AC=AC:CB$,则点C称为黄金分割点。梅文鼎的研究得到了6种方法,包括几何解法。

(3)利用黄金分割法作36°角,由此得到正五边形、正六边形、正十边形(现代作法也是如此)。

(4)徐光启与利玛窦只合译出《几何原本》的前6卷,而立体几何部分并未译出,梅文鼎对其他的一些测图学译著加以研究,独立地发现了正四面体、正八面体、正十二面体和正二十面体的许多几何性质。特别是关于正二十面体的发现和研究,说明了梅文鼎研究水平之高,因为只存在5种正多面体(上述4种再加上正六面体),而正二十面体发现得最晚。

(5)梅文鼎的《平三角举要》《弧三角举要》《环中黍尺》

等书是中国最早的三角学和球面三角学专著,他还将三角学运用在天文学研究上。

(6)关于"杨辉三角"(参见上文的图8-8)的研究。梅文鼎在京期间写出《少广拾遗》,介绍$(x+y)^1$到$(x+y)^{13}$的展开式系数变化规律,以及据此进行开方(从开平方直至开十二次方)的方法。

(7)关于高阶差级数的研究。宋元之交的数学家朱世杰曾研究过这类问题,但当时已失传,梅文鼎独立地进行了研究,并且对平方数和立方数等高阶差级数也有解释。

梅文鼎一生,早年丧妻,后也未续娶,而是发奋进行科学研究。晚年勤奋依旧,直到89岁死在工作的桌案上。梅文鼎的研究工作不仅包括发掘和整理中国传统的科学文化,而且还努力吸收和消化西方科学知识,集中外数学之大成,独树一帜,终成一代名家。为此,人们称他为"国朝算学第一"和"历算第一名家",这是当之无愧的。

受梅文鼎的影响,他的弟弟梅文鼐(nài,1637—1671年,字和仲)著有《步五星式》(6卷),梅文𪟝(mì,1642—1716年,字尔素)著有《几何类求》和《中西经星异同考》。梅文鼎之子梅以燕(1655—1706年)也通晓数学历算,梅文鼎的长孙梅瑴(jué,同"珏")成则是梅氏家族中另一位有突出成就的科学家。

梅瑴成(1681—1763年,字玉汝,号循斋、柳下居士)从事数学研究是同梅文鼎的教育分不开的。年轻的梅瑴成经常帮助祖父整理和校正书稿,特别是编校《梅勿庵历算全书》(简称《历算全书》)。对于《历算全书》的编订工作,他排定了算术、代数、平面几何、立体几何和球面三角的顺序,同近代数学的排序大体相同。

十分喜欢研究天文学和数学的康熙皇帝曾想任用梅文鼎,但"惜乎老矣",于是在康熙五十一年(1721年)把梅毂成招进宫,在内廷"蒙养斋"学习,充任编汇官。梅毂成也不负康熙的知遇之恩,发愤读书,成绩卓著,为此第二年钦赐举人,又二年授赐进士和编修官之职。由于康熙与梅氏祖孙有对科学的共同爱好,所以君臣关系十分融洽。

梅毂成对中西算学刻苦钻研。由于他和何国宗、明安图的努力,终于编成钦定的《律历渊源》(100卷),包括《历象考成》42卷、《律吕正义》5卷和《数理精蕴》53卷,其中《数理精蕴》纯出自梅毂成一人之手。同时,梅毂成还参与编纂《明史·历志》和清初历书《时宪历》。

同他的祖父不一样,梅毂成一生更多的不是著书而是编书。除了上述的书籍之外,他还增删和校定明代程大位的《算法统宗》为《增删算法统宗》。这样,《历算全书》《数理精蕴》和《算法统宗》三者鼎足而立,对后世数学发展具有重要意义。

梅毂成写的书虽不多,但是研究水平还是很高的。他最先介绍了西方求取圆周率 π 值的方法,突破了"割圆术"的框框。

历史上，刘徽得到"徽率"和祖冲之得到"祖率"都是采用割圆之法（参见上文的8.5节和8.6节），算法十分复杂和烦琐。西方早期，阿基米德也用割圆之法。18世纪初，来华的德国传教士杜德美向中国人介绍了用级数展开的方法计算 π 值，这种方法很快就为梅瑴成和明安图所接受。

梅瑴成还对元代李冶的《测圆海镜》和朱世杰的《四元玉鉴》（参见上文的8.8节）进行了研究，重新发现了"天元术"和"四元术"的数学含义，对数学发展起到了承上启下的作用，这是功不可没的。

梅瑴成是一位具有爱国情怀的科学家，他对钦天监中的外国传教士将传统天文仪器弃置不用或熔作它用十分气愤。

在梅瑴成之后，他的孙子梅冲也在数学研究上有所成就，著有《勾股浅述》。在梅氏家族中，祖孙5代共出了10余位数学家，这在科学史上是比较少见的，他们的研究对中国18世纪和19世纪数学的发展起到了重要的推动作用。

九、天文学与历法

对于季节的变化,生物的感知是明显的,人类远古的祖先就注意到季节变化与环境中生物物象变化的关联,可根据环境的周期性变化来感知和区别季节的变化,基于自然界物象变化的物候历的出现就不足为怪了。与物候历相比,基于天象的观察形成能反映年、月、日、时辰变化的历法则要晚得多。随着观测水平的不断提高,不但编制精密历法的数据具备了,计算方法也不断进步,这都对于天文学和历法的发展产生了重要的作用。

9.1 论天三家

"敕勒川,阴山下。天似穹庐,笼盖四野。天苍苍,野茫茫。风吹草低见牛羊。"这是一首流传甚广、脍炙人口的南北朝民歌《敕勒川》。作者勾勒出了北国草原壮阔雄浑的画面,抒发了草原人热爱家乡、热爱生活的豪情。不过,这首民歌中还隐约地包含着古人对宇宙结构的一种朴素认识。

古人对宇宙结构的思考,大体形成了3种主要的理论,即盖天说、浑天说和宣夜说,并形成了3个流派,所以也被合称

为"论天三家",到汉代基本上都形成了成熟的理论。

1. 盖天说

盖天说是中国最早的一种宇宙结构学说。在古人看来,地面是一块平坦的大地;天空似乎是一个固定的圆形屋顶,它在远处与地面融为一体。

盖天说可能起源于商末周初,早期的盖天说的特征是"天圆地方"。具体来说是,"天,圆如张盖;地,方如棋局"。穹隆状的天覆盖在正方形的平直大地上。孔子的弟子曾子对于方形大地有过困惑,当被问到这个问题时,曾子答道,天圆而地方,则四角不揜。"揜"字就是"掩",也就是说,圆盖形的天与正方形的大地边缘是无法吻合的。这说明,古人认为这个模型存在一些问题。

这可以证明,在曾子生活的年代之前,盖天说已经广泛流行了。良渚文化时期的代表性器物"玉琮"就是盖天说的一种象征,其形制是外方内圆。

针对盖天说的问题,有人提出修改,认为天与地实际上并不是相互连接在一起的,天就像一把大伞一样高悬在大地之上,它靠着地周边的8根天柱支撑着。远古时期的英雄共工怒触不周山(天柱之一)和女娲炼石补天的神话传说,或许就是以盖天说为依据的。

修改过的盖天说,主张天是圆穹状的,地是略微隆起的圆穹状的,两者间的间距是8万里,北极位于天穹的中央,日月星辰绕之旋转不息。盖天说通常把日月星辰的出没解释为它们运行时远近距离变化所致,离远了就看不见,离近了才看得见。

盖天说为了解释天体的东升西落和日月行星在恒星间的位置变化,设想出一种"蚂蚁-磨盘"模型。这种模型认为,天体都附着在天盖上,天盖周日旋转不息,带着诸天体东升西落,同时日月行星又在天盖上缓慢地东移;由于天盖转得快,日月行星运动得慢,所以仍被带着作周日旋转,这就如同转动的磨盘上有几个缓慢爬行的蚂蚁,虽然蚂蚁向东爬,但仍被磨盘带着向西转。这种描述,倒是体现了相对运动的思想。

主张盖天说的人力图说明太阳运行的轨道。他们设计了一个"七衡六间图"(图9-1),图中有7个同心圆。每年冬至,太阳沿最外一个圆即"外衡"运行,因此,太阳出于东南没于西南,日中时地平高度最低;每年夏至,太阳沿最内一个圆即"内衡"运行,因此,太阳出于东北没于西北,日中时地平高度最高;春、秋分时太阳沿当中一个圆即"中衡"运行,因此,太阳出于正东没于正西,日中时地平高度适中。各个不同节令太阳沿不同的"衡"运动。这个七衡六间图力图定量描述盖天说的宇宙结构,载于汉代赵爽所注《周髀》(后被尊称为《周髀算经》)之中,因此,盖天说亦称"周髀说"。中国科学史家钱宝琮等认为,《周髀算经》所记载的,应该是在最早的盖天说基础上发展起来的第二次盖天说(旧的盖天说也被称为"第一次盖天说")。

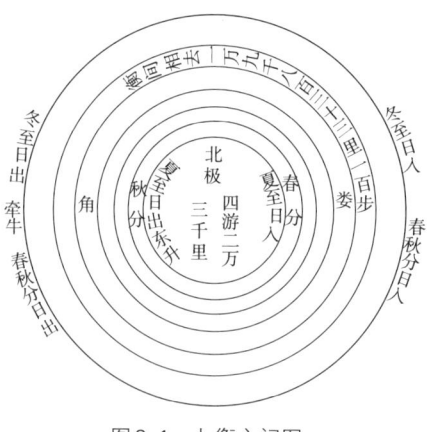

图9-1 七衡六间图

2. 浑天说

浑天说(图9-2)是中国古代第二种宇宙结构学说。最初的浑天说认为,地球不是孤零零地悬在空中的,而是浮在水上;后来又有发展,认为地球浮在气中,因此有可能回旋浮动,这就是"地有四游"的朴素地动说的形象表述。

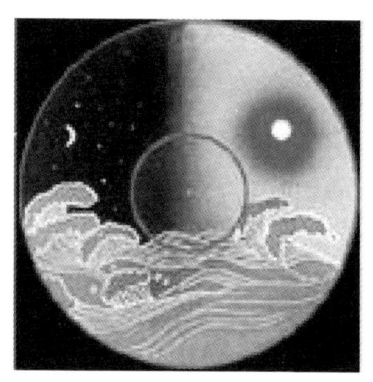

图9-2 浑天说的天地模型

浑天说认为,全天恒星都分布在一个"天球"上,而日月五星则附着在"天球"上运行,这与现代天文学的天球概念十分接近。

浑天说的代表作是东汉天文学家张衡所写的《浑天仪注》,

张衡是这样描述的：

> 浑天如鸡子。天体圆如弹丸，地如鸡子中黄，孤居于天内，天大而地小。天表里有水，天之包地，犹壳之裹黄……天转如车毂之运也，周旋无端，其形浑浑，故曰浑天也。

可见，浑天说与盖天说不同，它认为天不是一个半球形，而是一整个圆球，地球在其中，就如鸡蛋黄在鸡蛋内部一样。不过，浑天说并不认为"天球"就是宇宙的界限，它认为"天球"之外还有别的世界，即张衡所说的：

> 过此而往者，未之或知也。未之或知者，宇宙之谓也。宇之表无极，宙之端无穷。

浑天说提出后，它与盖天说各执一端，两家争论不休。在对宇宙结构的认识上，浑天说显然要比盖天说进步得多，能更好地解释许多天象。

此外，浑天说还有两大"法宝"浑仪和浑象（参见下文的9.10节）。第一个是浑仪，借助浑仪，浑天家可以用精确的观测事实来论证浑天说。在中国古代，依据这些观测事实制定的历法具有相当的精度，这是盖天说所无法比拟的。另一大法宝就是浑象，利用它可以形象地演示天体的运行，使浑天说逐渐取得了优势地位。到了唐代，天文学家僧一行等人彻底否定了盖天说，使浑天说在中国古代天文领域称雄了上千年。

3. 宣夜说

宣夜说是中国古代第三种宇宙结构学说，这种学说把天看

成是无形无体、无色无质、无边无际的广袤空间,认为人目所见的浑圆的蓝天仅是视觉上的错觉,这与"旁望远道之黄山而皆青,俯察千仞之谷而黝黑"是一个道理。宣夜说还认为,天体在广阔无垠的空间中的分布与运动是随其自然的,并不受想象中的天壳的约束,它们各具特性,在气的作用下悬浮不动或运动不息。这样,宣夜说既否定了天壳的存在,又描绘了一幅天体在物质的无限空间自然分布与运动的图景,较盖天说和浑天说都更接近天体运行的本来面目。宣夜说的代表人物是东汉的郗萌,他的观点记载在《晋书·天文志》里。

宣夜说的核心是,日月星辰也是由气组成的,只不过是发光的气。三国时代宣夜说学者杨泉又进一步说:"夫天,元气也,皓然而已,无他物焉。"他认为,银河也是气,并从中生出恒星来。他说:"气发而升,精华上浮,宛转随流,名之曰天河,一曰云汉,众星出焉。"在思辨性的自然哲学中,这种猜测性的观点是十分精辟独到的。

不过,作为一个宇宙结构体系,宣夜说没有提出自己独立的对于天体坐标及其运动的量度方法,它的数据基本都是借自浑天说。这正是宣夜说在一千多年内不能得到广泛发展的重要原因。尽管如此,宣夜说与今天的天体观念是接近的,并且也为中国人接受现代科学的天体理论做了有益的准备。

9.2 《夏小正》

《夏小正》(图9-3)为中国现存最早的科学文献之一,是中国现存最早的一部传统农事历书。通常人们认为此书完成于战国时期,也有人说是夏代的历法。到唐宋时期,这本书就已经难以找到完整的版本了。人们现在看到的《夏小正》为宋朝傅嵩卿所著的《夏小正传》,在写这本《夏小正传》的时候,他集成了当时两个版本的《夏小正》文稿。

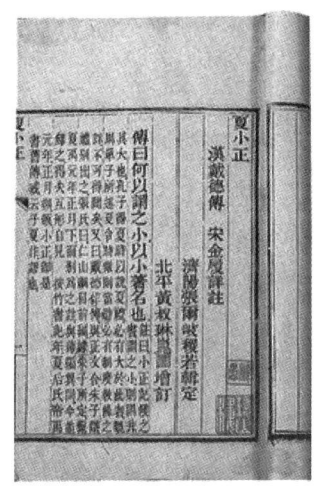

图9-3 《夏小正》的书影

早在春秋时代,著名思想家和教育家孔子(公元前551—前479年)为了解夏代的文化,曾到杞国(今河南杞县一带)去考察。幸运的是,孔子发现了一本夏代的典籍,这就是《夏小正》。这的确是一个重要的发现,全书篇幅不大,其中记载的天文知识非常重要。书中的天文知识以物候记录为主,天象记录为辅,并兼涉气象,借此可以指导对农时的了解和生产活动的安排。书中涉及的历法,将一年分为10个月,每月36天;余下尚有5~6日,这几天通常安排祭祀活动。由于以物候定农时,所以这种历法属物候历,是最早的历法。

留存到今天的《夏小正》共400多字,内容是按月份分别记载每月的物候、气象、星象和有关重大政事,特别是与生产有关的事情。所记农业生产的内容包括谷物、纤维植物、染料植物、园艺植物的种植,以及蚕桑、畜牧、采集和渔猎,其中蚕桑和养马颇受重视。不仅涉及的范围十分广泛,更为重要的是关于这些内容的记载都是第一次。书中关于时间的描述,大多数用动植物变化来显示,也有用星象变化来显示的,不过提及的都是一些比较容易看到的亮星。

总的来看,《夏小正》在一定程度上反映了夏代农业生产的发展水平,保存了我国最古老的比较珍贵的天文历法知识。今天,每年过的春节,就是夏历年的第一天。

9.3 《周髀算经》

《周髀算经》(图9-4)是中国流传至今的一部最早的天文数学著作,大约成书于公元前1世纪,原名《周髀》,主要阐述当时流行的盖天说和"四分历"。唐初规定它为国子监明算科的教材之一,因此又被称为《周髀算经》。

下篇 古代的科学

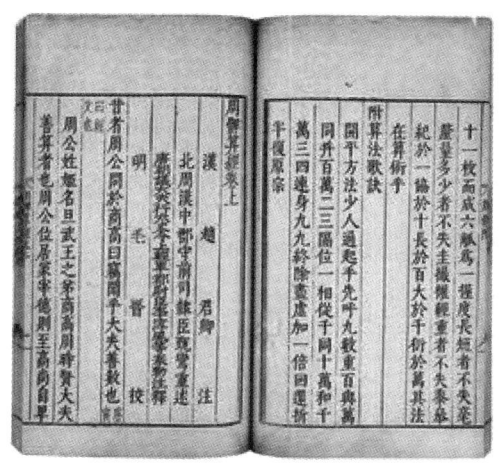

图9-4 《周髀算经》的书影

据考证，现传本《周髀算经》为西汉时期（公元前1世纪）的赵君卿所作，北周时期甄鸾重述，唐代李淳风等注。历代许多数学家都曾为此书作注，其中最著名的注疏是唐代李淳风等人所作的注。

在这部典籍中，古人记载了怎样用简单的方法计算出太阳到地球的距离：先在全国各地立一批8尺长的竿子，夏至那天中午记下各地竿影的长度，得知首都长安的竿影长度是一尺六寸，长安正南方一千里的竿影长度是一尺五寸，长安正北一千里的竿影长度则是一尺七寸，因此知道南北每隔一千里竿影长度就相差一寸。又在冬至那天测量，长安的竿影长度是一丈三尺五寸。最后经过一系列的计算之后，得到太阳与地球之间的距离为十万里。

今天测得地球和太阳的距离约为14 950万千米,即使将《周髀算经》中汉代的"里"换算成今天习惯用的"千米",数值仍然很悬殊。一个原因是,汉朝人认为"大地是平的",所以得到的数据是不准确的,再加上当时所用的观测设备也十分简陋,也就很难得到好的结果了。但是,《周髀算经》中求解太阳到地球距离的思路和相关的运算过程却是正确的。

《周髀算经》为讨论天文历法而讲解了一些有关的数学知识,除了勾股定理之外,还有比例测量、分数四则运算等。

《周髀算经》的作者研究天文历法,初步认识到日月星辰运行和四季更替的规律。这些知识给后来人们的生活作息提供了一定的保障,自此以后历代数学家无不以《周髀算经》为参考,在此基础上不断创新和发展。

9.4 二十八宿

先介绍一下古代天文学中经常涉及的几个概念。

首先是"天球"。在晴朗的夜晚,天空布满繁星,当人们在空旷的原野上静静地仰望星空时,会感到天空就像一个巨大的半球一样。时间长了之后,人们会感到这个巨大的半球并不是静止的,而是在绕着一根无形的轴悄无声息地转动。这样,就可以把星空设想为一个以观察者为中心的缓慢转动的球,这就是所谓的"天球"。天球的赤道被称为"天赤道",其实就是地球赤道在天球上的投影,更严格地说,就是地球赤道所在的平面与天球相交的一个大圆。

其次是"黄道"(图9-5)。以天球为背景,人们观测到的太阳和月亮在各个时刻的位置都是在变化的,这些变化的位置就形成了它们在视觉上的运动轨迹。由于太阳是金黄色的,所以太阳的视运动轨道被称为"黄道",而白色的月亮的视运动轨道则被称为"白道"。在现代天文学看来,地球实际上是绕着太阳公转的,所以相对而言太阳被认为是不动的,于是就把地球绕着太阳公转的轨道在天球上的投影视为黄道,或者更确切地说,黄道是地球公转轨道平面与天球相交的大圆。古人在黄道两侧各延伸出8°,把这个16°的范围称为"黄道带"。

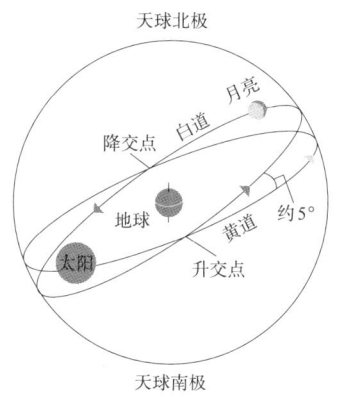

图9-5 黄道的示意图

黄道带的英文名有两个,ecliptic 和 zodiac。常用的是 ecliptic,它源于希腊文 ekleiptikē,原意是"遮住",因为日食和月食只能在这条带子上发生;而日食和月食的英文词 eclipse

源于希腊文 ekleipsis，它由前缀 ek 和词根 leipein 组成，前者的意思是"从……之内"，后者表示"离开"或"退出"之意，这个词的意思是，当发生日食或月食时，那两个天体仿佛在那时离开了天空。黄道带的另一个英文名 zodiac 与动物有关，在西方，黄道被分为12个宫，名字是白羊座、金牛座、双子座、巨蟹座、狮子座、室女座、天秤座、天蝎座、人马座、摩羯座、宝瓶座和双鱼座，其中有7个用动物的名字命名，即白羊座、金牛座、巨蟹座、狮子座、天蝎座、摩羯座和双鱼座，在希腊文中，"动物"可写成 zōon，还有一个写法是 zōdion，后者的形容词则可写成 zōdiakos，由于黄道带上有许多动物的名字，黄道带也就被称为 zōdiakos kyklos（动物圈），英文简称 zodiac（黄道带）。

在古代，巴比伦的天文学家针对太阳的周天视运动把黄道分为十二宫，这与每个回归年有12个月有关，也就是说，太阳每一个月位于一个"宫"。这个黄道十二宫的天文体系被希腊人传承下来，并沿用至今。中国传统的天文学体系与此不同，中国古人针对月亮的周天视运动建立了一个二十八宿体系，因为月亮在恒星背景上移行一个周天（称为月亮的恒星月周期或恒星月）为27.32日，取个整数，就把周天划分为28个部分，名为二十八宿。这里的"宿"就是月亮每天的"住处"，因此也称为"二十八舍"。可见，"宿"的意思和黄道十二宫的"宫"类似。

实际上，二十八宿是沿黄道或天赤道分布的一圈共28个恒星群。这28个宿又被分为4组（称为四象、四兽、四维或四方神），每组各有7个宿。

二十八宿被分为东西南北四方各7个宿：东方青龙七宿是角、亢、氐(dī)、房、心、尾、箕；北方玄武七宿是斗、牛、女、虚、危、室、壁；西方白虎七宿是奎(kuí)、娄、胃、昴(mǎo)、毕、觜(zī)、参(shēn)；南方朱雀七宿是井、鬼、柳、星、张、翼、轸(zhěn)。图9-6是二十八宿与黄道十二宫对比图。

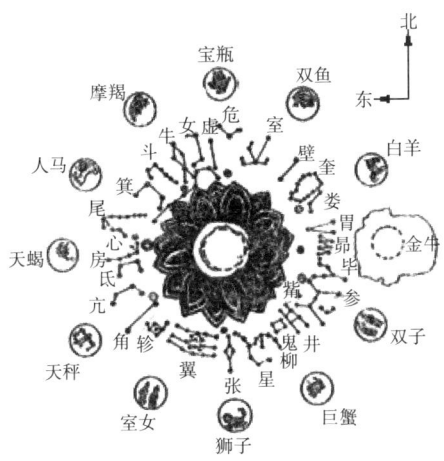

图9-6　二十八宿与黄道十二宫对比图

9.5　二十四节气

春雨惊春清谷天，夏满芒夏暑相连，
秋处露秋寒霜降，冬雪雪冬小大寒。

萌芽与花朵
——古代的科学技术

上半年是六廿一，下半年来八廿三，
每月两节日期定，最多不差一二天。

这是大家非常熟悉的《二十四节气歌》，前面4句列出了二十四节气，后面4句说每个月有两个节气，上半年每个月的前一个节气在6号左右，后一个节气在21号左右，下半年每个月的前一个节气在8号左右，后一个节气在23号左右。在古代，每个月在前的节气被称为节气，在后的节气被称为中气，如立春为正月节气，雨水为正月中气，但是后人常把节气和中气统称为节气。

作为非物质文化遗产的二十四节气，内容十分丰富，还包括相关谚语、歌谣、传说以及与节令关系密切的节日文化、生产仪式和民间风俗等，也包括传统生产工具、生活器具以及工艺品、书画等艺术作品。二十四节气是中国古代农业文明的具体表现，具有很高的农业历史文化方面的研究价值。

由于在历史的长河之中，中国的政治中心、经济中心、文化中心和农业活动中心多集中在黄河流域的中原地区，所以二十四节气也主要是以这一带的气候、物候为依据建立起来的。由于中国幅员辽阔，地形多变，故二十四节气对于很多地区来讲只能作为一种参考。

二十四节气实际上是古代确立的一种可用来指导农事的历法。在春秋时期，中国古代先贤就定出仲春、仲夏、仲秋和仲冬等4个节气，后来不断地改进和完善，到秦汉年间，二十四节气已完全确立。太初元年（公元前104年），由邓平等人制定的《太初历》中，正式把二十四节气用于历法，还明确了二十四节气与天文的关系。

二十四节气的规定有两种方法。年代较远的古人用的是"恒气"法，也称为"平气"法，就是把一年平分为24等份，即：

$$\frac{365.2422}{24} = 15.2184（日）$$

可见，两个节气的间隔或每个节气的长度是15天多一点儿。后来又发展出一种新的方法，可称为"定气"。由于太阳在黄道上的移动并不是匀速的，这就造成两个节气的间隔（即日数）不同。例如，冬至前后太阳移动得快一些，两气相隔14日多；夏至前后，太阳移动得慢一些，两气相隔16日多。因此，隋朝科学家刘焯认识到"恒气"并不合理（不能符合太阳在黄道上移动的真实情况），所以他创造出"定气"之法，规定的节气之间的天数不一样。但是，刘焯创立的新方法随后并未被采用，唐朝僧一行只是有限地应用了"定气"之法，直到清朝"定气"之法才被彻底地应用。

西方的儒略历和格里历都属于阳历。对于阳历，我国北宋的沈括也有一些设想，他提出了一种新的方案，即"十二气历"。他把一年分为12个月，以立春为春季的开始，立夏为夏季的开始等，这样就不需要19年7闰的法则了。当然，推广一种新的历法并非易事，特别是要取代旧的历法就更非易事了。

自秦代以来,中国就一直以立春作为春季的开始,立春还曾一度被认为是新的一年的开始。立春是从天文上来划分的,与人们心目中的春季不同。在人们的心目中,春季意味着天气变暖,自然界开始变得鸟语花香;春季也是耕种的季节,人们开始耕耘播种,这更像春分后的景象。

雨水节气的含义是降雨开始,雨量渐增。在二十四节气的起源地黄河流域,雨水之前天气寒冷,但见雪花纷飞,难闻雨声淅沥;雨水之后气温一般可升至0℃以上,雪渐少而雨渐多。

反映自然物候现象的惊蛰带有文学色彩,其含义是:春雷乍响,惊醒了蛰伏在土中冬眠的动物。

中国古代习惯以立春、立夏、立秋、立冬分别表示四个季节的开始,春分、夏至、秋分、冬至则处于各个季节的中间。春分这一天,太阳光直射赤道,地球各地的昼夜时间相等,所以在古代春分和秋分又被称为"日夜分",民间有"春分秋分,昼夜平分"的谚语。

清明是表征物候的节气,含有天气晴朗、草木繁茂的意思。清明这一天,民间有踏青、寒食、取新火、扫墓等习俗。

俗话说:"雨生百谷。"降雨及时而且雨量充足,谷类作物就能够茁壮生长,谷雨节气就有这样的含义。

二十四节气的名称大多可以顾名思义,但是小满却有些令人费解,原来,小满是指夏熟作物(如麦类)灌浆乳熟,籽粒开始饱满。芒种则是表征有芒作物（如麦类）的成熟，是一个反映农业物候现象的节气。

夏至这一天，太阳直射北回归线，是北半球一年中白昼最长的一天。夏至这一天虽然白昼最长，太阳高度角最高，但并不是一年中最热的时候，因为近地层的热量这时还在继续积蓄，并没有到最多之时。

暑是炎热的意思，小暑和大暑表示炎热的程度，大暑是一年中最热的节气。处暑则是反映气温变化的一个节气，"处"含有躲藏、终止的意思，"处暑"表示炎热暑天结束了。

露是由于温度降低，水汽在地面或近地物体上凝结而成的水珠。白露节气表征天气已经转凉，"露凝而白"。寒露节气的意思是"露气寒冷，将凝结为霜"。霜降节气含有开始降霜的意思。

冬至古称"日短""日短至"。冬至这一天，太阳光直射南回归线，是北半球一年中白昼最短的一天。

寒即寒冷，小寒和大寒表示寒冷的程度。近代气象观测的记录虽然表明，在中国绝大部分地区，大寒不如小寒冷，但是，在某些年份和沿海少数地方，全年最低气温还是会出现于大寒节气内。

总之，二十四节气对于中国人来说是重要的时令参照，影响着中国人的生活，作为一种节气文化，应该被现代人传承下来。

9.6 数九与数伏

在传统历法中,对于最冷的季节和最热的季节有一些单独的说法,即"数九"和"伏天"之说。

"数九"为9个9天,即81天。从冬至开始,经过81天再加9天(共90天),就到春分了。为了说明每个"九"的气候变化,在民间流传着"九九消寒歌",即:

一九二九不出手,三九四九冰上走,五九六九沿河看柳,七九河开,八九燕来,九九加一九,耕牛遍地走。

或者:

一九二九不出手,三九四九缘凌走;五九半,凌碴散;春打六九头,脱袄换个牛;七九六十三,行人把衣宽;八九不犁地,只待三五日;九九杨花开,以后九不来。

清中叶以后,民间流行填写9个字的玩法,称为"九九消寒图"(图9-7的左图)。这9个字是"亭前垂柳珍重待春风",繁体每个字9画,每天描写一画,共描写81画。据说,道光皇帝的全贵妃(咸丰皇帝的母亲)是个才女,她在娘家时创造了这个"九九消寒图",进入皇宫后,她的这个游戏受到大家的欢迎,道光皇帝也很喜欢这个游戏。写字迎春,是个好风俗,后来就传入民间,老百姓也非常喜欢。

其实,借画画来迎春,在元代就形成了一种习俗。明代刘侗和于奕正的《帝京景物略》中记载:"日冬至,画素梅一枝,为瓣八十有一，日染一瓣，瓣尽而九九出，则春深矣，曰九九消寒图。"也就是说，在冬至那天画9朵梅花，每朵梅花9个花瓣儿，每天给一个花瓣儿涂上颜色，涂完81个花瓣儿就过了81天（图9-7的右图）。针对气候的变化，在涂梅花的花瓣儿时还有一些要求：

上点雨天下点晴，左风右雾雪中心，遇上阴天圈上黑，门外依然绿青青。

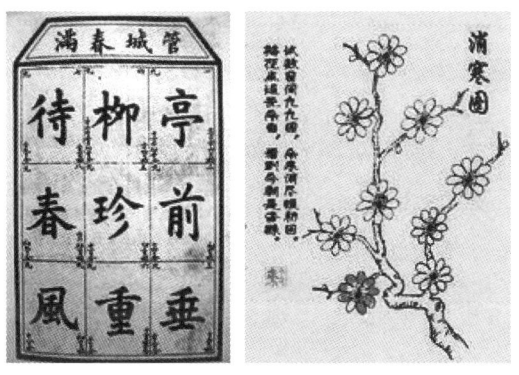

图9-7　九九消寒图

"伏天"被分为三伏——初伏、中伏和末伏，共有30天或40天。"数伏"比"数九"要稍微复杂一些，这是由于古人使用干支记日法，现在已经不在日历上标注每天的干支了。初伏的第1日定在夏至之后的第3个庚日，第4个庚日为中伏的第1日，但是，末伏的第1日定在立秋之后的第1个庚日，这有时是夏至之后的第5个庚日，有时是夏至之后的第6个庚日，这使得中伏有时是10天，有时是20天，这样"伏天"就有时是30

天，有时是40天。表9-1是2025—2029年的"三伏"日期。

表9-1　2025—2029年的"三伏"日期

年份	夏至	第1个庚日	初伏第1日	中伏第1日	立秋	末伏第1日
2025	6.21 辛酉	6.30 庚午	7.20 庚寅	7.30 庚子	8.7 戊申	8.9 庚戌
2026	6.21 丙寅	6.25 庚午	7.15 庚寅	7.25 庚子	8.7 癸丑	8.14 庚申
2027	6.21 辛未	6.30 庚辰	7.20 庚子	7.30 庚戌	8.8 己未	8.9 庚申
2028	6.21 丁丑	6.24 庚辰	7.14 庚子	7.24 庚戌	8.7 甲子	8.13 庚午
2029	6.21 壬午	6.29 庚寅	7.19 庚戌	7.29 庚申	8.7 己巳	8.8 庚午

由表9-1中可以看出，2025年、2027年、2029年的中伏是10天，2026年、2028年的中伏是20天。也许有人会问，为什么伏天的第1日要放在庚日呢？这与古人的五行观念有关，不一定有什么科学的道理，今天保留它，主要是因为它能反映天热时的气候情况，并且仍然按照老规矩来确定之。当然，对于北方来说，伏天与种植有些关系，比如"头伏萝卜二伏（白）菜，三伏种荞麦"；从饮食上说，民间也有类似的谚语，比如"头伏饺子二伏面，三伏烙饼摊鸡蛋"。

9.7　太阳历

所谓历法就是把日子一天一天地排列起来，但要按照一定的规则和方法排列，简单地说，是要发现和确定一些周期，例如，与太阳运行周期相关的年和与月亮运行周期相关的月。由于月相变化非常明显，周期也不太长，加上对于月亮的崇拜，古人容易记住一些月相的特征。如中文里称每月的第一天为"朔"（完全见不到月亮），十五前后为"望"（月亮最圆），每个月有朔有望，称月亮圆缺的一个周期为一个朔望月。

世界上有些地方的人对于新月有偏好，那个月牙会受到人们的格外注意，出现两次新月的周期也比较容易被确定下来，大约相隔29.5天。在古罗马时期，每个新月来临时，大祭司要召集众人举行一个仪式来迎接新月，并且作为一种标志，新月的出现就是一个月的开始，现在英文的"日历"一词calendar即来自拉丁文的calare，其意思是"宣布"。

古巴比伦的太阴历曾经传到欧洲，当罗马人从希腊人那里掌握了太阴历后，认为太阴历用起来有些不便，主要是因为有时要在一年内加上一个（闰）月。

当凯撒（儒略·凯撒）大帝统治之时，罗马帝国的盛期来到，在公元前46年，罗马帝国颁行了一个太阳历——儒略历，自公元前45年1月1日起施行。在儒略历中规定，每过去3个365天之后，第4年就要加上一天，变为366天（闰年）；多出的这一天是一个固定日期，即2月24日，后来改在2月末（即设定的最后一天，2月29日）。

儒略历将一年分为12个月，现在一年12个月的名称在欧

洲语言中大同小异，因为都来源于罗马的历法。

1月份叫January。这个名称来自罗马人信奉的门神Janus（亚努斯），是他打开了天国的大门，使白天时的人间充满阳光。从1月份开始，白天的时间逐渐变长。

2月份叫February。在以前的罗马历法中，这是一年的最后一个月，罗马人要斋戒，斋戒月被称为Februus，2月份的名称由此而来。儒略历只是沿用此名，已经不以这个月份作为一年的最后一个月了。

3月份叫March。这个名称来自战神和青春女神的名字Mars（马尔斯）。

4月份叫April。最古老的意大利人是伊特拉斯坎人，他们将爱神称为Apru。

5月份叫May。这个名称来自山岳女神和生育女神的名字Maja（迈亚），她是罗马的保护神。

6月份叫June。这个名称来自丰收女神和妇女的保护神Juno（朱诺）。

7月份叫July。这个名称来自儒略大帝的名字，是为了纪念他的诞辰月。

8月份叫August。这是在公元前8年命名的，是为了纪念儒略的继承人奥古斯都大帝。在古拉丁文中，aug是一个词根，意思是上升、高升，一般出现在王公贵族的名字中。

接着的4个月份，它们是按照旧的罗马历法的顺序命名的，在旧的罗马历法中，每年是从3月份（March）开始的，因此用序数词septem（第七）、octo（第八）、novem（第九）和decem（第十）来命名9月、10月、11月和12月。

儒略历施行很久之后出现了许多问题，积累了很大的误差，人们认识到需要改革之，为此在1582年教皇格里高利十三世颁行了格里历。格里历最初只是在信奉天主教的地区施行，在信奉新教和东正教的地区未能施行。例如，在俄罗斯，居民主要是斯拉夫民族，他们信奉东正教，所以拒绝格里历，仍然施行儒略历，他们设定的"历元"是公元前5508年。在很长时期，俄国人一直都把每年的3月1日当作新年的开始，到1492年，又把岁首放在9月1日。当彼得大帝即位之后，他规定历元并非公元前5508年，而是公元元年（也就是说不从创世纪开始），并规定元月1日为新年的开始，但仍然使用儒略历。在十月革命之后，苏联政府颁布法令，从1918年2月14日开始采用格里历，并称为"新历"。中国在辛亥革命之后施行格里历，即公历。

9.8 回历

在中国，回族等信仰伊斯兰教的民众多使用回历（也称"回回历""希吉来历"等）。据说，回历是穆罕默德于622年创制的。元朝建立之后，元世祖忽必烈颁行过回历，并设置了回回司天监和回回司天台。明朝建立之后，在洪武元年（1368

年),朝廷也在南京设立了司天监和回回司天监(1370年改称钦天监和回回钦天监),1398年撤除回回钦天监,在钦天监设立天文、漏刻、大统历和回回历等四科。清朝也成立了回回历科。可见,回历在中国的影响是很大的,也是深远的。

回历分"太阴年"和"太阳年"两种,"太阴年"用于宗教仪式如宗教节日的确定,"太阳年"用于指导农业生产。

回历的"太阴年",以月亮的盈亏完成一次为一月,被称为"动的月",这样的12个月就是一年。月亮盈亏一周是29.530 588天,也可写成29天12小时44分2.8秒,算下来,一"太阴年"是354天8小时48分33.6秒。"太阴年"的月分为大月(30天)和小月(29天),大月(单数月)和小月(双数月)一样多,总和为354天。另外还规定,"太阴年"以30年为一周,每周有19个平年(每年354天)和11个闰年(每年355天),闰年增加的一天放在12月末。这样来算,平均每年为354天8小时48分,即每月29天12小时44分。

回历太阴年的重要功能是用于安排宗教节日,至少有两个非常重要的节日。一个是开斋节,它定在十月初一日;另一个是宰牲节,它定在十二月初一日。

回历的"太阳年",设定以春分为岁首,依照太阳行十二宫一周为12个月,这种月称为"不动的月",其排列见表9-2。

表9-2　回历太阳年的月份与黄道十二宫的对应

月份	宫	天数	点
一月	白羊(戌)宫	31	春分
二月	金牛(酉)宫	31	
三月	双子(申)宫	31	
四月	巨蟹(未)宫	32	夏至
五月	狮子(午)宫	31	
六月	室女(巳)宫	31	
七月	天秤(辰)宫	30	秋分
八月	天蝎(卯)宫	30	
九月	人马(寅)宫	29	
十月	摩羯(丑)宫	29	冬至
十一月	宝瓶(子)宫	30	
十二月	双鱼(亥)宫	30	

按照这样的排列，回历太阳年的平年有365天；又规定128年置闰31次，逢到闰年，要在年末(十二月、双鱼宫)增加一天，并且要放在最后一天，共366天。这样的方法是非常精密的，甚至比今天通行于世界的公历还要精密。

9.9　置闰的方法

提起闰年和闰月，似乎大家并不陌生。闰年，就是这一年比平常的一年多一天，这一般是编制阳历时的规定。按照阴历，闰月就是多出来一个月，一年13个月，估计很多人都说不清楚闰月到底多长时间来一次，大家似乎都感觉阴历的闰月不

如阳历的闰年好确定。

我国古代长期采用阴阳合历(简称"阴阳历"),它根据月亮的盈亏变化定月,平年12个月,6个大月各30天(叫"大尽"),6个小月各29天(叫"小尽"),全年354天。这比太阳年(365.2422天)要少约10天21小时,对此古人采取置闰的办法加以调整。开始时每3年闰1个月,5年闰2个月;春秋中叶后规定19年闰7个月。每逢闰年加的一个月叫"闰月",闰月加在某月之后叫"闰某月",比如2017年(丁酉年)就是闰六月(从公历7月23日到8月21日),2020年(庚子年)是闰四月(从公历5月23日到6月20日)。通过置闰,可以使一年的平均长度约等于一个太阳年,并与自然季节大致吻合。

历史上,我国从公元前2600多年的黄帝时代开始记年,从公元前2350年左右的尧帝时代开始以置闰调整阴阳历,但直到公元5世纪的祖冲之时代才有了精密的置闰之法。南朝宋大明六年(公元462年),大科学家祖冲之制定的《大明历》在20组"19年7闰"中插入1组"11年4闰",计391年144闰;唐代李淳风的《德麟历》改为"在缺中气之月置闰",实际上仍保持19年7闰的基本格局,沿用至今。以19年的整数倍为闰年周期,现行的闰年法则是以第3、6、9、11、14、17、19年为闰年,但逢公元尾数333、666、000年份所在的19年7闰,要将后面的"8年3闰"改为"11年4闰"。至于到底是哪一个月置闰,一般的说法是置在无中气的那个月。关于中气的说法,可参见上文

9.5节对二十四节气的解释。例如，2017年（鸡年）的六月只有六月十六日的"立秋"节气，而中气"处暑"落在下一个月的初二，于是这一年就有了一个闰六月，整个鸡年共计384天。

9.10　浑仪和浑象

浑仪（图9-8）是测量天体球面坐标的一种仪器，而浑象（图9-9）是古代用来演示天象的仪器。浑仪和浑象都是反映浑天说（参见上文的9.1节）的仪器，所以可以说是"物化"的浑天说。

图9-8　浑仪　　　　图9-9　浑象

浑仪是一种观测仪器，里面装有专门用于观测的窥管，又名望管，或称为"窥筒"（筒的古字为"筩"）。用它可以测定天刚黑、天快亮和半夜这三个时候天体的赤道坐标，也能测定天体的黄道经度和地平坐标。早期的最简单的浑仪是由四游仪和赤道环组成的，从汉代到北宋，历代的天文学家在浑仪上

萌芽与花朵
——古代的科学技术

陆续增加了黄道环、地平环、子午环、六合仪、白道环、内赤道环、赤经环等部件。

在南京紫金山天文台,安置着一架1473年制造的明代浑仪,这是我国保存下来的最早的古浑仪。

在史书上有记载的最早制造出浑仪的人,应该是汉代的落下闳。汉武帝的时候,落下闳被征召到了当时的首都长安,参与编制《太初历》的工作。大概是出于制定历法的需要,落下闳制造出了一台浑仪,然后,他用这台浑仪成功地测定了二十八宿的距度、五大行星的运动情况等,为制定《太初历》准备了非常精确的天文数据。不过,从落下闳自己的描述来看,似乎这个浑仪并不是他最先发明的,因为他年轻的时候就能制作这种仪器,在制作时已有现成的尺寸作为参考。这说明,在落下闳之前已经有人完成了发明浑仪的工作,否则就不可能有现成的尺寸。

落下闳用自己制造的这架只有赤道坐标的仪器来观察太阳和月亮的运动,结果发现这两者的运动都不是匀速的,这样的结果与当时西汉天文学家们在这个问题上的认识或观点是完全不同的。在这种情况下,大家倒是没有顽固地坚持原来的看法,而是积极地开始寻找起原因来。多番观察之后,终于发现日、月的运动都是沿着黄道进行的(当时月亮沿着白道运行的认识还没有出现),也就是说它们在黄道上才可能是匀速运动的,以赤道为参照去观察和度量,得到的结果当然就是不均匀的了。

永元十六年（公元104年），东汉和帝下令制造一架新的浑仪，用来测量日月的运动。在实际的制造过程中，贾逵在原来的浑仪上增加了黄道环，以方便用黄道来测量日月的运动。贾逵制造出来的浑仪称为黄道铜仪。

贾逵用他的黄道铜仪来测量日月的运动时，发现太阳的运动果然显得均匀多了，但是月亮的运动仍旧是不均匀的。这一发现是改进仪器后得到的第一个结果，它导致了历法的进一步发展，也丰富了人们对天体运动的知识。

历史记载最早制造浑象的是西汉宣帝时期的大司农中丞耿寿昌，他把浑天说中的天球形象化地表现了出来。浑象的大体形状是个大圆球，在球上布列了许多星辰，转动大圆球就可以演示出天象的变化。有关浑象的最早记载见于东汉张衡所著的《浑天仪图注》。

说到浑仪和浑象，就不能不提及张衡所制造的水运浑天仪，这台水运浑天仪将浑仪和浑象有机地结合在了一起。水运浑天仪是用铜铸成的，主体是一个球体模型，代表天球。球体可以绕着天轴转动。天轴和球面有两个交点，一个表示天北极，一个表示天南极。在球的表面上罗列分布着二十八宿和其他恒星。球面上还有赤道圈和黄道圈，二者之间成24度夹角，圈上分别罗列着二十四节气，从冬至点起，把圆周分作365又四分之一度，每度又分成4个小格。球体外面有两个圆环，一个是地平圈，一个是子午圈。

为了使浑天仪的浑象能自行运动,张衡采用齿轮组合把浑象和记录时间用的漏壶联系在了一起,利用漏壶的流水力量带动齿轮转动,进而带动浑象运转。通过恰当地选择齿轮的个数和齿数,巧妙地使浑象一昼夜转动一周,把天象变化形象地演示了出来。水运浑天仪是世界上第一台有明确记载的用水力转动的天文仪器。

9.11 水运仪象台

水运仪象台(图9-10)是中国古代天文学家发明的一种大型天文仪器,是在北宋天文学家苏颂和韩公廉的领导下研制出来的。宋元祐元年(1086年)开始设计,到元祐七年全部完成。它是集观测天象的浑仪、演示天象的浑象、计量时间的漏刻和报告时刻的机械装置于一体的综合性仪器,实际上相当于一座小型的天文台。

图9-10 水运仪象台的模型

根据《新仪象法要》记载,水运仪象台是一座底为正方形、下宽上窄略有收分的木结构建筑,高度约有12米,底宽大约7米,共分为3层。

上层是一个露天的平台,设有浑仪一座,用龙柱支持,下面有水槽以定水平。浑仪上面覆盖有遮蔽日晒雨淋的木板屋顶，为了便于观测，屋顶可以随意开闭。露台到仪象台的台基有7米多高。

中层是一间没有窗户的"密室"，里面放置浑象。浑象圆球的一半隐没在"地平"之下，另一半露在"地平"之上，靠机轮带动旋转，一昼夜转动一圈，可再现星辰的起落等天象的变化。

下层包括报时装置和全台的动力机构等。设有向南开的大门，门里又有5层木阁，木阁后面是机械传动系统。

下层的5层木阁共有12个紫衣小木人、23个红衣小木人、126个绿衣小木人、1个击钲小木人，累计162个小木人。这些小木人通过摇铃、叩钟、击鼓、持牌、击钲来报时，包括各个时辰的时初和时正、时刻以及日出、日落、昏、晓和各更。

下层的中央部分设有一个直径3米多的枢轮。枢轮上有72条木辐，挟持着36个水斗和钩状铁拨子。枢轮顶部和边上附设一组杠杆装置，它们相当于钟表中的擒纵器。在枢轮东面装有一组两级漏壶，壶水注入水斗，斗满时枢轮即往下转动，但因擒纵器的控制，它只能转过一个斗，这样就把水流的运动变成了计时机械的等间歇运动，从而确保整个仪器的运转是均匀的。枢轮下有退水壶，在枢轮转动中各斗的水又陆续回到退水壶里。另用一套车水装置，由一人转动水车，把水升回到上面的一个受水槽中，再由槽中流到下面的漏壶中去，因此水可以循环使用，车水装置和操作者被安置在下层的北部。水的恒

定流量推动并保持着水轮的间歇运动，进而带动仪器运转，因而这个巨大的装置被命名为"水运仪象台"。

苏颂（1020—1101年）是中国宋代天文学家、药物学家，生于泉州同安县（今福建省厦门市同安区），后迁居丹阳（今江苏镇江）。22岁时与王安石同时中进士，从此进入仕途。初任宿州（今安徽省宿县）观察推官、江宁知县、南京留守推官等地方官。皇祐五年（1053年），苏颂奉调到京城开封任馆阁校勘、集贤校理等职，这虽不是什么重要官职，只是负责编定书籍，但对苏颂来说却是非常幸运的。在这里，他有机会博览皇家的各种藏书，在任职的9年里，苏颂每天背诵一段书，回家后默写下来，从不间断；积沙成塔，不但丰富了家中的藏书，还积累了渊博的知识。宋哲宗登基后，苏颂先任刑部尚书，后任吏部尚书，晚年官至宰相，虽然官居显位，但政绩平平，作为政治家的苏颂远不如作为天文学家的苏颂有成就，特别是他研制的水运仪象台使他的名字载入了世界科技的史册。

水运仪象台代表了中国11世纪末天文仪器的最高水平。它具有3项令世界瞩目的发明，首先它的屋顶被设计成可开闭的，是现代天文台活动圆顶的雏形；其次，它的浑象能一昼夜自动旋转一周，是现代天文跟踪机械转移钟的先驱；此外，它的报时装置能在一组复杂的齿轮系统的带动下自动报时，报时系统里的锚状擒纵器是后世钟表的关键部件。可见，苏颂作为一名机械学家也是成就卓越的。

9.12 简仪和登封高表

简仪是元代天文学家郭守敬在景炎元年（1276年）创制出来的一种测量天体位置的仪器。因为这种仪器是将结构繁复的唐宋浑仪加以简化而成的，所以被称为简仪。简仪的创制是中国天文仪器制造史上的一大飞跃，是当时世界上先进的天文仪器，欧洲直到1598年才由丹麦天文学家第谷发明出类似的装置。

在简仪出现之前，天文学家要借助浑仪去观测天象，但浑仪的结构比较复杂，观测时经常发生环与环相互阻挡视线的现象，妨碍读出环上的刻度。郭守敬将浑仪拆分成两个独立的观测装置，安装在一个底座上，每个装置都十分简单实用。使用简仪，除了北极星附近以外，整个天空一览无余。明英宗正统二年（1437年）按郭守敬所制仪器仿制简仪一架，明清两代钦天监用于观测，以后就留在北京古观象台，抗日战争前迁往南京，现陈列于紫金山天文台。

简仪（图9-11）是由两个互相垂直的大圆环组成，其中一个环面平行于地球赤道面，叫作"赤道环"；另一个是直立在赤道环中心的双环，能绕一根金属轴

图9-11 简仪模型

转动，叫作"赤经双环"。双环中间夹着一根装有十字丝装置的窥管，相当于单镜筒望远装置，能绕赤经双环的中心转动。观测时，将窥管对准某颗待测星，然后在赤道环和赤经双环的刻度盘上直接读出这颗星的位置值。有两个支架托着正南北方向的金属轴，支撑着整个观测装置，使这个装置保持着北高南低的形状。

郭守敬（图9-12，1231—1316年）是河北邢台人，他从小师从祖父郭荣学习天文、算学和水利。他对天文学尤其感兴趣，常自己动手制造天文仪器用于观察天象。1276年，元太祖忽必烈下令编制新历，郭守敬奉命参加修历工作。4年后，新历《授时历》基本完成，这是中国古代一部优秀的历法，

图9-12　郭守敬像

在制定过程中，郭守敬做出了卓越的贡献。郭守敬在制历之初就提出了"历之本在于测验，而测验之器莫先于仪表"。为此，他在3年之内，共设计出简仪、圭表、星晷定时仪，以及立运仪、日月食仪、玲珑仪等12种新天文仪器，其精巧程度和准确度大大超过前人。除此之外，他还是一位杰出的水利专家和地理学家，曾主持若干重要的水利工程。

圭表是我国古代测量日影长度的仪器。元代以前都是用8尺高表，郭守敬进行了大胆创新，创立了4丈高表（现今在河南登封观象台故址还留存着郭守敬所创高表的遗迹）和景符测影法（图9-13）。他在高表顶端安装了一根直径3寸的铜横梁，景符则是安在一个小框架上可绕底边转动的薄铜片，铜片中间开一小孔。当太阳过子午线时，把景符放在水平的圭面上南北移动，并转动铜片，让通过表顶的光线穿过小孔，在圭面上形成米粒大小、正中带有横梁暗影的光点。这样就克服了以往测影时因阳光散射使影子不清的缺陷，提高了测量精度。在光学测量仪器发展史上，这是一个具有重大意义的成就。

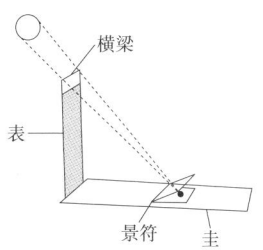

图9-13　登封高表遗迹和景符测影法示意图

9.13　从古六历到太初历

古六历是黄帝历、颛顼历、夏历、殷历、周历、鲁历的合称，是我国最早的历法。

古六历的特点是以 $365\frac{1}{4}$ 日为一回归年，$29\frac{499}{940}$ 日（29.530 851日）为一朔望月，又规定了19年7闰的原则。由于分母中有4，故古六历又被称为"四分历"，因为后来在东汉又有一个历法被命名为"四分历"，所以就把汉代以前的四分历称为"古四分历"。

这6部历法的不同，主要是在"历元"（历法的起算点）、施行的地区和所用的岁首等方面。这6部历法使用的时期主要是战国时期，只有颛顼历一直被使用到汉武帝时期（大约使用到公元前104年）。

各历采用的岁首不同。黄帝历、周历和鲁历是以"子"为岁首，也就是以包含冬至的那个月，相当于现在仍在使用的农历的十一月为岁首；殷历以"丑"为岁首，夏历以"寅"为岁首，也就是分别以冬至所在月之后的那两个月，相当于农历十二月和正月为岁首；颛顼历以"亥"为岁首，也就是以冬至所在月之前的那个月，相当于农历十月为岁首。

古六历原本早已遗失，其中颛顼历只是在考古中发掘到一些资料，其余5种历法至今只留存一些片断资料。根据这些资料不难发现，所谓"古六历"并不是黄帝、颛顼、夏禹等人编订的，而是周朝人托古编造的。

西汉的太初历是中国古代第一部比较完整的汉族历法，也是当时世界上最先进的历法之一。

西汉初年沿用秦朝的颛顼历,但颛顼历有一定的误差。公元前104年(元封六年),经司马迁等人提议,汉武帝下令重新修订历法。汉武帝让公孙卿、壶遂、司马迁等人一起商议制定新的历法,同时还征募了民间天文学家20余人参加进来,其中包括邓平、司马可、侯宜君、唐都和落下闳等人。他们或制造仪器进行实际观测,或进行计算推演考证,对所提出的18种改历方案进行了一番辩论、比较和实测检验,最后选定了邓平、落下闳提出的八十一分律历。武帝元封七年,新的历法制定成功,因为这一年的五月汉武帝将年号改为了太初,后人于是便把这一年颁布的历法称为太初历。

太初历规定一年等于365.250 2日,一月等于29.530 86日(若用分数表示,则一个月等于$29\frac{43}{81}$日,所以这种分法后来又被称为"八十一分法",太初历又被称为八十一分律历)。太初历将原来以十月为岁首调整为以正月为岁首;开始采用有利于确定农时的二十四节气;以没有中气的月份为闰月,调整了太阳周天与阴历纪月不吻合的矛盾。新的历法是我国历法史上一个划时代的进步。太初历还根据天象实测和多年来史官的记录,得出135个月的日食周期。太初历不仅是我国第一部比较完整的历法,也是当时世界上最先进的历法之一,它问世以后,一共行用了189年。

太初历的原著早已失传。西汉末年,刘歆基本上采用了太

初历的数据,将太初历改为三统历,后者被收在《汉书·律历志》里,一直流传至今。

9.14 超新星的记录和蟹状星云的传奇

有些恒星本来很暗,但是因为内部突然发生剧烈的变化,它会突然变得十分灿烂,亮度在几天的时间里增加几千倍甚至几百万倍。天文学上把这样的恒星称为新星,中国古人称之为"客星"。

我国从汉代开始,史料上记录的新星有90多颗,其中大部分都是世界上其他国家没有记载过的。早在公元前14世纪也就是殷商时代的甲骨文中,就已经出现了关于新星的记载。《汉书·天文志》记载:"元光元年(公元前134年)六月,客星见于房。"这里所说的"房",指的是二十八宿里的房宿,相当于天蝎座的头部,这里记载的这颗新星正是希腊天文学家喜帕恰斯(也被译成依巴谷)观察到的那一颗。

超新星的亮度比新星还要大几百倍。从殷商时代开始,我国也已经有了对超新星的记载。

超新星爆发之后形成的星云中,既有光学脉冲、射电脉冲,也会发射出 X 射线和 γ 射线,这些辐射都有非常稳定的脉冲周期。现代随着射电天文学的发展,为了寻找银河系里射电源和超新星的对应关系,外国学者都开始很感兴趣地研究起我国古代关于新星和超新星的记录,经过分析之后,发现我国古代的12个超新星记录中，有八九个是具有射电源的。

现在，天文史家已经确定的有1006年、1054年、1572年和1604年发现的4颗超新星，关于这4颗超新星的记载，我国史书上都有。其中，又以1054年的超新星最为著名，即位于蟹状星云中的一颗。

蟹状星云由英国天文学家贝维斯于1731年发现，位于金牛座，距离地球大约6 500光年。今人所看到的星云的视面积约为12光年×7光年，亮度是8.5星等（肉眼看不见）。对蟹状星云最早的记录是由中国的天文学家做出的，1054年7月，中国的一位名叫杨惟德的官员向皇帝奏报，天空中出现了一颗"客星"。

1892年，美国天文学家拍下了蟹状星云的第一张照片，30年后天文学家在对比蟹状星云以往的照片时，发现它在不断扩张，速度高达1 100千米/秒，于是人们便对蟹状星云的起源发生了兴趣。由于蟹状星云扩张的速度已知，于是天文学家便根据这一速度反过来推算它形成的时间，得出的结论是：约900年以前，蟹状星云很可能只有一颗恒星的大小。因此，1928年，美国天文学家哈勃首次提出，它与超新星有关，蟹状星云应该是1054年超新星爆发后留下的遗迹。

在西方的900年前的观测记录中，并没有找到1054年超新星爆发的任何记录，但在中国的史料中，却找到了很多与1054年超新星剧烈爆发有关的珍贵记录资料。

中国宋朝司天监对1054年的超新星爆发进行过精密的观测,史料中有以下记载:

《续资治通鉴长编》:"己丑,客星出天关之东南可数寸。嘉祐元年三月乃没。"

《宋史·天文志》(图9-14):"至和元年五月己丑,出天关东南可数寸,岁余稍没。"

《宋史·仁宗本纪》:"(嘉祐元年三月)辛未,司天监言:自至和元年五月,客星晨出东方,守天关,至是没。"

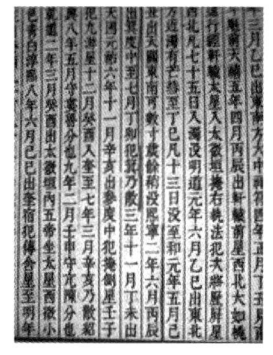

图9-14 《宋史·天文志》对1054年超新星爆发的记载

《宋会要》:"嘉祐元年三月,司天监言:'客星没,客去之兆也'。初,至和元年五月,晨出东方,守天关。昼如太白,芒角四出,色赤白,凡见二十三日。"

日本《明月记》:"天喜二年四月中旬以后,丑时客星出觜参度,见东方,孛天关星,大如岁星。"

这里的"天喜"是日本"后冰泉"天皇的年号,"天喜二年"即1054年。

总括以上文字可以得知,在"宋至和元年五月己丑"(即1054年7月4日),有"客星"出现在天关(即金牛座ζ星)附近,星的颜色是赤白色;在最初的23天,即使在白昼,其光度如"太白"(即金星),即"昼见如太白","凡见二十三日";直至一年多后的"嘉祐元年三月辛未"(即1056年4月5日)才消失不见。

这个客星真是一个"不速之客",客星消失的日期是1056年4月5日,距离客星出现的日期1054年7月4日已经整整过了643天。在这将近两年的时间里,只要能看到客星,司天监的人员总是坚持不懈地进行观测,他们详细地记录了客星的位置、颜色和亮度变化。详细的观测资料虽然大部分已经遗失,但仅是这些流传下来的简短记载已经使后人敬佩不已了。

自从被发现以来,"蟹状星云"一直是被人类研究得最多的天文对象之一,它已经被科学家们看成宇宙的"形象代表"了。

9.15 彗星和流星

彗星出现在天空时是非常显眼的,并且不只是能引起人们抬头仰望,而且还常常引起骚动。中国人对于天象的观察和记录是非常勤奋的,也是非常认真的。在春秋时期,"周顷王六年(鲁文公十四年)七月,有星孛入北斗"(《春秋》),这一年相当于公元前613年,距今2 600多年了,这是中国人对彗星最早的记载,而这颗彗星就是著名的哈雷彗星。在这2 600多年中,中国人一直认真地记录着每次见到哈雷彗星时的情景。

在中国古人的彗星记载中,最有名的是出土于长沙马王堆汉墓的帛书,在它上面有29幅战国时期人绘制的彗星图

(图9-15),这些图距今已有2 400年了。从这些图中可以看出,古人对于彗星的观察是非常仔细的,不但对彗发描绘精细,还展示了彗头中的双重彗核。

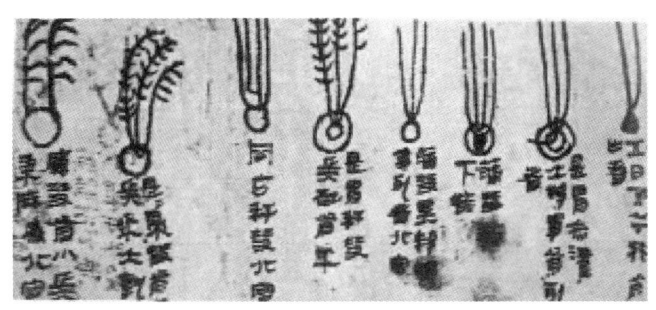

图9-15 马王堆汉墓出土的帛书上的彗星图

彗星出现之后,常常能被看到几十天甚至几个月,但看到彗核的分裂还是很难得的。唐代乾宁三年(896年)十月所记录的彗星现象发生了慧核分裂,当时见到一颗彗星分裂成3块,1大2小,"乍离乍合,相随东行,状如斗。经三日,而二小星先没,其大星后没"。

中国古代的彗星记载共有550多次。法国天文学家巴尔代在1950年指出,中国古代关于彗星的记载是全世界彗星记载中最好的。

彗星的形象往往是极其不同的。西方人的描述是,它像一个有着蓬松长发的女飞人,而中文"彗"的意思是"扫帚",也很形象。古希腊的亚里士多德认为天界尽善尽美,人们据此认为彗星存在于"天庭"之外,是在地球的大气中产生的,并非天体。直到16世纪下半叶,丹麦天文学家第谷证明,1577年出现的彗星离地球的距离比月亮离地球的距离大得多。到1704年,英国的哈雷在研究彗星时,注意到1531年、1607年和1682年出现的彗星,它们的轨道有许多相同之处,经过仔细研究,他预言,这颗彗星会在1758年12月重返。哈雷去世7年后,德国的天文爱好者帕里兹于1758年12月25日看到了这颗彗星。这颗彗星1835年、1910年和1986年又三次回归,这就是哈雷彗星,它2061年将再次回归。

现在知道的最大彗星只有 2×10^{13} 吨,只相当于地球质量(6×10^{21} 吨)的三亿分之一。大多数彗星都沿着长椭圆轨道绕太阳旋转。当彗星接近太阳时会受到太阳辐射的作用,在彗核周围形成一个发光的壳,与彗核一起构成彗头,并背向太阳形成一个长长的彗尾。彗尾是在"光压"(光子流)和"太阳风"(从炽热的太阳大气中发出的质子流和电子流)的作用下形成的,当彗星远离太阳时,彗尾就逐渐消失了。

1986年3月,哈雷彗星接近地球,人类首次向哈雷彗星发射航天器。苏联和日本各发射了两个探测器,欧洲航天局也发射了一个探测器,命名为"乔托"号,是为了纪念意大利画家Giotto di Bondone,他于1267年第一次将哈雷彗星(包括彗核)画在一幅画上(图9-16)。

如果天体"不幸"闯入地球外的大气层之中,就会与大气发生激烈的摩擦,导致燃烧,发光发热,称为"流星"。如果它们的个头不大，往往会烧个净尽；如果烧不尽，往往落地的是一块或一组陨石。

在《竹书纪年》中，古人记载"帝禹夏后氏八年雨金于夏邑"，这是公元前2133年落在今河南省的一场铁陨石雨，这应该是人类最早的关于陨石雨的记录。中国史书中留下的流星记录有两三百条。这些

图9-16　乔托画中的彗星
（位于篷顶左半部分的上方）

记述，不只内容丰富，而且对于流星雨的描述非常生动，例如"星陨如雨""流星如织"，以及"众星交流如织"等。当然，许多记载的价值还在于流星雨发生的时间、流星个数、流向和在天空的位置，以及伴随的声响、展示的颜色，等等。对流星雨的持续时间也有记载，例如，在公元前15年3月25日下半夜，"星陨如雨，长一二丈，络绎未至地灭，至鸡鸣止"，流星雨持续的时间是比较长的。对于陨石雨，沈括的《梦溪笔谈》中有过生动的描述，他写道：

治平元年（1064年），常州日禺时（日落时），天有大声如雷，乃一大星，几如月，见于东南。少时而又震一声，移著西南。又一震而坠，在宜兴民许氏园中。远近皆见，火光赫然照

天，许氏藩篱皆为所焚。是时火息，视地中只有一窍如杯大，极深。下视之，星在其中，荧荧然，良久渐暗，尚热不可近。又久之，发其窍，深三尺余，乃得一圆石，犹热，其大如拳，一头微锐，重亦如之。州守郑伸得之，送润州金山寺，至今匣藏，游人到则发视。王无咎为之传甚详。

从这段记述可以看出，沈括对于陨石落下的全过程的描写非常详细，如摩擦生热和发光，还有陨石的余热，光球的大小，听到的爆炸声，陨石飞行的方向，陨石的形状、大小和落地后的陨石坑，对于陨石的收藏过程，等等。

还有一例，是在明朝晚期，有人记录了发生在四川的一次陨石雨，时间是1613年2月14日下午，在四川顺庆府广安州的上空，有一颗流星发生了爆裂，人们在地面上找到了6块陨石，最大的一块重8斤，最小的一块不到1斤。

以今天的眼光看，流星雨往往是彗星瓦解之后的"散兵游勇"，用它所在的星座（方向）命名。陨石研究是天文学研究特别是天体化学研究的重要内容，这种来自天外的重要实物是难得的，为天体的起源和演化研究、彗星的轨道研究等提供了重要的资料。

十、医学

著名的俄罗斯生理学家巴甫洛夫说:"有了人类就有医疗的活动。"这是有道理的。人类发明了用火的技术之后,既可用火加工食物,也可发挥火的医疗作用,如可用火治疗皮肤疾患。用砭石切开脓肿,用包扎技术保护伤口的创面以防止感染,都可视为原始的医疗活动。进入新石器时代后,伴随农业的发展,"圣人"发挥了重要的作用,使"医疗兴",如黄帝与岐伯、伯高、少俞等医者讨论医学理论问题,还有"伏羲刺九针""神农尝百草"和神医扁鹊发明四诊之术等传说,这都体现出中国远古时代医药学起源的漫长过程,从此逐渐揭开了中国古代医药学发展的序幕。

10.1 医家的"两经"

中国传统医学中有"四大经典"之说,即《黄帝内经》《难经》《伤寒杂病论》和《神农本草经》。这里说的"两经"指的是《黄帝内经》和《神农本草经》。这两部经典是以"炎(神农氏)黄(轩辕氏)"之名流传下来的,可见这"两经"在中国医家经典中的地位,也可见它们在中国传统文化中的地位。

《黄帝内经》分《灵枢》和《素问》两个部分，是一本综合性的医书。这部中国最早的医学典籍在黄老道家理论的基础上建立了中医学的阴阳五行学说、脉象学说、藏象学说、经络学说、病因学说、病机学说、病症、诊法和论治，以及养生学、运气学等理论，奠定了人体生理、病理、诊断和治疗的认识基础，体现着一种整体观的医学思想。

《黄帝内经》在中国被称为医之始祖，此书最终成型于西汉，作者亦非一人，是由中国历代黄老医家传承并不断增补和发展而成。正如《淮南子·修务训》所写的那样，冠以"黄帝"之名，意在溯源崇本，借以说明他对中国医药文化的发祥之功。

《神农本草经》（3卷）是现存最早的中药学著作。后人认为它起源于神农氏，代代口耳相传，于东汉时期总结整理成书，作者亦非一人，是秦汉时期众多医家搜集、总结和整理当时药物学经验成果的专著，是对中药学的第一次总结。

《神农本草经》载药365种，包括植物药252种、动物药67种和矿物药46种。根据药物的性能和使用目的的不同，作者以三品分类法进行分类，所有药物分上品、中品或下品。这种分类法被认为是中国传统药学理论的精髓。

"三品"中，"上品药"120种，无毒，大多属于滋补强壮之品，如人参、甘草、地黄、大枣等，可以久服；"中品药"120种，无毒或有毒，其中有的能补虚扶弱，如百合、当归、龙眼、

鹿茸等，有的能祛邪抗病，如黄连、麻黄、白芷、黄芩等；"下品药"125种，有毒者多，能祛邪破积，如大黄、乌头、甘遂、巴豆等，不可久服。这种分类法是中国药物学最早的分类法，后为历代沿用。今天，经过长期临床实践和现代科学研究，证明《神农本草经》所载药物药效绝大部分是正确的。

《神农本草经》对于所收录的各种药物的功效和主治疾病都进行了简要的记载与描述，这无疑是早期临床药学宝贵经验的总结。许多药物至今仍然在临床上广泛应用，比如人参补益、黄连止痢、麻黄定喘、常山治疗疟疾、大黄泻下等。书中所载的各种药物主治疾病的种类也非常广泛，约有170余种，包括了内科、外科、妇科、儿科和五官科等各科疾病。此外，《神农本草经》中对于药物的性味、产地与采制、炮制方法，乃至用药原则和服药方法等都有涉及，极大地丰富了药物学的知识体系。

在"文革"时期（1966—1976年），把《黄帝内经》和《神农本草经》改称《内经》和《本草经》，这并不是简称，去掉了"黄帝"和"神农"，是因为他们被认为是封建帝王的代表（其实他们所处的时代是原始社会与奴隶社会之间）。

10.2 张仲景和《伤寒杂病论》

张仲景（约150—219年，名机，字仲景）是东汉南阳涅阳县（今河南省邓州市）人。张仲景的父亲张宗汉是个读书人，曾在朝廷做官。张仲景是著名的医学家，被后人尊称为"医圣"。

据史书记载，东汉桓帝（147—167年）、灵帝（168—188年）和献帝（190—219年）时期多有疫病流行，给社会造成了空前的劫难，而尤以灵帝时期的几次瘟疫流行规模最大。南阳地区接连发生大规模的瘟疫，许多人因此丧生。建安年间（196—219年），张仲景的家族中有三分之二的人因患疫病而死亡，死者中伤寒病患者竟占十分之七。对此，张仲景痛下决心，潜心研究，一定要制服伤寒症。

汉桓帝延熹四年（161年），张仲景十余岁就拜同郡医生张伯祖为师，学习医术。张伯祖是一位名医，很受百姓尊重。张仲景跟他学医非常用心，无论是外出诊病、抄方抓药，还是上山采药、加工炮制各种药物，从不怕苦怕累。张伯祖把自己毕生行医积累的丰富经验都传给了张仲景。比张仲景年长的一个同乡何颙对张仲景颇为了解，认为他才思过人，善思好学，聪明稳重，只要专心学医，将来一定能成为有名的医家，甚至要超过他的老师，即"其识用精微过其师"。

张仲景学习刻苦，"勤求古训"，还"博采众方"，广泛搜集古今治病的有效方剂，甚至民间验方也要搜集。对民间流行的针刺、灸烙、温熨、药摩、坐药、洗浴、润导、浸足、灌耳、吹耳、舌下含药和人工呼吸等疗法都加以学习。他还发明了灌肠法，这是把蜂蜜水或猪胆汁从患者的肛门灌入，以缓解患者

的便秘。他还记载了一些外擦药、用于洗耳道的药水、舌下含药的方法等。

张仲景仔细研读古书,他从史书上看到秦越人(民间尊称他"扁鹊")望诊齐桓侯的故事,"余(张仲景)每览(秦)越人入虢之诊,望齐侯之色,未尝不慨然叹其才秀也"。可见他对秦越人高超的医术非常钦佩。他对《素问》用心最多,《素问》中记载:"夫热病者,皆伤寒之类也。"又说:"人之伤于寒也,则为病热。"他认为,伤寒是一切热病的总名称,也就是说一切因为外感而引起的疾病,都可以称为"伤寒"。他对前人留下来的"辨证论治"的治病原则认真地加以研究,提出了"六经论伤寒"的新见解。

在建安年间,张仲景被任命为长沙太守。在处理政务之余,他用自己的医术为百姓解除病痛。张仲景规定每月初一和十五两天,不问政事,开门行医,他端坐大堂,为百姓诊治。此后,人们就把坐在药铺里给人看病的医生称为"坐堂医生"。

张仲景晚年为了避乱,辞官来到岭南隐居,专心研究医学,并于建安十年(205年)开始着手撰写《伤寒杂病论》。经过十数年含辛茹苦的努力,终于写成了这部不朽之作。这是继《黄帝内经》之后又一部最有影响的医学典籍,是中国医学史上影响最大的著作之一。张仲景的《伤寒杂病论》(16卷,又名《伤寒卒病论》)于210年写成,到了晋代,得到名医王叔和(据说是张仲景的学生)整理。到了宋代,该书分为《伤寒论》和《金匮要略》二书。《伤寒论》中有22篇、113方,主要内容是针对外感热病;《金匮要略》(3卷)则是该书的杂病部分。

张仲景创造了很多剂型,《伤寒杂病论》中记载了大量有效的方剂。张仲景所确立的六经辨证的治疗原则受到历代医学家的推崇,《伤寒杂病论》是中国第一部临床治疗学方面的名著,是后学者研习中医必备的经典著作,受到医学生和临床大夫的广泛重视。清代医家张志聪说:"不明四书者不可以为儒,不明本论(《伤寒论》)者不可以为医。"

《伤寒杂病论》奠定了张仲景在中医史上的重要地位,该书被奉为"方书之祖",张仲景也被誉为"经方大师"。张仲景写成该书后仍专心研究医学,直到与世长辞。晋武帝司马炎统一天下后的285年,张仲景的遗体才被后人运回故乡安葬,现在南阳有医圣祠和仲景墓。1985年,在南阳成立了张仲景中医学院。《伤寒杂病论》还流传到海外,颇受国外医学界推崇。据不完全统计,由晋代至今,整理、注释和研究《伤寒杂病论》的中外学者已逾千家。日本医家自康平年间(相当于我国宋朝)以来,研究《伤寒论》的学者有近二百家。此外,朝鲜、越南、印尼、新加坡和蒙古等国的医学发展也都不同程度地受到张仲景著作的影响。

10.3 神医华佗

华佗(约145—208年,字元化,一名旉)是沛国谯县(今

安徽省亳州市)人,是东汉末年著名的医学家,他与董奉、张仲景并称为"建安三神医"。华佗少时曾在外游学,行医足迹遍及安徽、河南、山东和江苏等地,他医术全面,精通内科、妇科、儿科和针灸科,尤其擅长外科,精于手术。

从华佗所留下的26则医案看,华佗用药精当,史书记载,"其疗疾,合汤不过数种,心解分剂,不复称量,煮熟便饮,语其节度,舍去辄愈"。他的针灸术更加有名,行针简捷,"若当针,亦不过一两处,下针言'当引某许,若至,语人',病者言'已到',应便拔针,病亦行差"。最为神奇的还是他的手术,史书记载,他"刳剖腹背,抽割积聚","断肠涤洗"。从他治疗的范围看,内科病有热性病、内脏病、精神病、肥胖病、寄生虫病;按今天的划分方法,属于外科、儿科、妇科的疾病有外伤、肠痈、肿瘤、骨折、针误、忌乳、死胎、小儿泻痢等。他发明了麻沸散,开创了临床上使用麻醉药物的先例。欧美全身麻醉的记录始于18世纪初,比华佗晚1 600余年,阿拉伯人使用麻药也可能是由中国传去的。因此,华佗被后人称为"外科圣手"和"外科鼻祖"。华佗有"神医"的美名,后世好的医生常被誉为"华佗再世"和"元化重生"。今亳州市有"华佗庵"等遗迹。

据说,在黄疸病流传较广时,华佗花了3年时间对茵陈蒿的药效做了大量的试验,确定只有用春三月的茵陈蒿嫩叶施治,才能治疗黄疸病。为此,民间流传一首民谣:

三月茵陈四月蒿，传于后世切记牢，三月茵陈能治病，五月六月当柴烧。

华佗还以温汤热敷治疗蝎子蜇痛，用青苔炼膏治疗马蜂蜇后的肿痛，用紫苏治食鱼蟹中毒，用白前治咳嗽，用黄精补虚劳。这些方剂既简便易行，又能收到奇效。

关于华佗发明用青苔炼膏治蜂蜇的过程，传说一次他看到一只大黄蜂被蜘蛛网粘住了，大黄蜂拼命挣扎，还是难以挣脱。蜘蛛慢慢地爬过去，大黄蜂冲着蜘蛛就刺出毒刺并放出毒液，蜘蛛被蜇得掉到了地上。掉到地上的蜘蛛爬到青苔上，在青苔上反复摩擦，待恢复了体力之后又爬上蜘蛛网，张牙舞爪地向大黄蜂爬去。大黄蜂看到蜘蛛之后照例又刺出毒刺并放出毒液，蜘蛛又掉到地上，还是在青苔上摩擦。这样反复了几次，大黄蜂最终被蜘蛛俘获，成为蜘蛛的食物。这时候，华佗明白了，原来青苔具有解毒的效用，于是他把青苔制成炼膏，此后这种解蜂毒的药膏就被沿用下来。

华佗长年行医在民间，有一些故事流传很广。例如，当时，一位掌管军营粮饷的军需官杨宕（杨修的侄子）是个贪官，他得了一种怪病，不时胸口胀满，像石头压着，躺在床上更难受。医生请了不少，可连是什么病症都诊断不出，杨宕只好派人去请神医华佗。

华佗对杨宕的为官之道早有耳闻，多次借故不去。无奈，杨宕的儿子亲自跪请，华佗只好随同前往。经过诊断，华佗开

了两张处方。

华佗走后,杨宕将第一个处方拿来观看,看着看着,他大惊失色,额头上冷汗直冒。原来处方上写着"二乌、过路黄、香附子、连翘、王不留行、法夏、荜茇、朱砂"。把这八味药的药名的第一字连贯起来读,就是"二过相(香)连,王法必(荜)诛(朱)"!

原来,杨宕打算再捞一把就告老还乡。他的这个如意算盘被华佗点透,既害怕又担心,出了一身冷汗,但却觉得胸中好受了一些。他再看第二个处方,一看顿时就口吐鲜血。原来处方上写的是"常山、乳香、官桂、木香、益母草、附块"。药名的第一个字连起来读是"赏(常)汝(乳)棺(官)木一(益)副(附)"。看到如此两个"药方",杨宕不由肝胆俱裂,昏死过去,家人见状都大哭起来。

杨宕苏醒过来后,倒觉得心轻身爽。此时华佗不请自来,他对杨宕说,你之所以胸部闷胀,是因为肚内瘀滞,乃贪婪气郁凝聚,现在气随汗出,吐尽瘀血,积消瘀化,恶病已除,只是身子虚弱,我再给你开一剂补方,你服后定会痊愈。杨宕服药后身体逐渐康复,此后再也不干克扣军需粮饷之事了。

在小说《三国演义》中,关羽去镇守襄阳,在与魏军作战时受伤,便请华佗来治疗。华佗的诊断是关羽中箭受毒,须手术刮去透入骨头的毒药。关羽就请华佗准备手术。华佗怕关羽因疼痛而抖动,要用柱和环来固定关羽的手臂,还要用绳子捆结实。关羽认为不必如此，随后就摆好棋盘，与别人对弈，同时让华佗实施手术。直至华佗把箭毒刮去，缝好伤口并敷上药膏，关羽一直保持手臂不动。关羽的箭伤痊愈后，华佗的名声更大了。

据说，在孙权的部将周泰受重伤时，华佗也医好了他，所以后来有人向曹操推荐华佗时，曹操问："江东医周泰者乎？"原来，曹操患偏头痛，常常疼得难以名状，医生们束手无策，听说华佗的名声之后就请他来医治。华佗给曹操用针灸治疗，曹操的头就不疼了。但是，后来曹操的偏头痛又犯了，并且更重了，于是仍请华佗来治疗。这一次，华佗的诊断是，只靠针灸是不够的，需要手术治疗。不过，当华佗讲出他的办法之后，却吓了曹操一跳。原来华佗的手术是，用斧子把曹操的头颅劈开。这怎么行呢？由于华佗有给关羽和周泰治病的经历，曹操怀疑敌国派华佗来暗害自己，就把华佗下狱，拷问致死。一代名医，竟死于非命！

10.4 葛洪

葛洪（283—363年，字稚川，自号抱朴子）是东晋著名医药学家，晋丹阳郡（今江苏句容）人。葛洪父名悌，仕吴；吴亡后，初以故官仕晋，最后迁邵陵（今湖南邵阳）太守，卒于官。

虽然葛洪出身江南士族，但由于父亲去世时他才13岁，所以家境渐贫。他要砍柴，以此来换得纸笔，再抄书和学习，并常常至深夜而不辍，乡人因而称葛洪为"抱朴之士"，他后来也以"抱朴子"为号。他不善交游，常常闭门读书，涉猎甚广。葛洪的伯祖父葛玄曾师从炼丹家左慈学道，号葛仙公，以炼丹秘术传于弟子郑隐。葛洪约16岁时拜郑隐为师，受到郑隐的神仙和遁世思想的影响，葛洪便有意归隐山林炼丹修道，著书立说。今天，在杭州西湖附近有"葛岭"，就与葛玄和葛洪的事迹有关。

16岁时，葛洪开始读《孝经》《论语》《诗经》和《易经》等儒家经典，尤喜"神仙导养之法"。后来，葛洪的故友嵇含任广州刺史，嵇含请葛洪为参军并一同赴任，葛洪欣然前往。不料嵇含为仇人所杀，于是葛洪滞留广州多年。由于葛洪"锐意于松乔之道，服食养性，修习玄静，遂师事鲍靓，继修道术，深得鲍靓器重，以女儿鲍姑许配。"建兴二年(314年)，葛洪返回家乡，隐居深山继续从事《抱朴子》的创作并炼丹。

东晋开国后，赐葛洪关内侯，食句容二百邑。咸和(326—334年)初年，司徒王导召葛洪任州主簿，转司徒掾，迁咨议参军；干宝又荐葛洪为散骑常侍，葛洪固辞不就。但是，后因生活所迫，在咸和二年(327年)，葛洪听闻交趾出产丹砂，遂自行请求出任勾漏(今广西北流县)令，经朝廷批准后，赴任途经广州时会晤刺史邓岳。邓岳告诉葛洪，罗浮山有神仙洞府之称，相传秦代安期生在此山服食九节菖蒲，羽化升天。邓岳表示愿供他原料在此炼丹，葛洪遂决定中止赴任的行程，从此隐居于罗浮山。其间,邓岳拟任葛洪为东莞太守,葛辞不就。他在朱明洞前建南庵,修行炼丹,著书讲学。因从学者日众,又增建三庵。他优游闲养,著作不辍,于东晋兴宁元年(363年)去世,享年81岁。

在《抱朴子·内篇》中,葛洪具体地记述了一些炼制丹药的(化学)知识,也介绍了许多物质性质和物质变化的知识。例如,"丹砂烧之成水银,积变又还成丹砂",即指加热红色硫化汞(丹砂),分解出汞,而汞加硫黄又能生成黑色硫化汞,再变为红色硫化汞。他还有"以曾青涂铁,铁赤色如铜"的记述,即用铁置换出铜的反应,这是后来形成的"湿法炼铜"的技术基础。

葛洪还是东晋时期的名医,著有《肘后备急方》(简称《肘后方》),在书中,葛洪最早记载了一些传染病如天花、恙虫病的症候及诊治,"天行发斑疮"是全世界最早有关天花的记载。值得一提的是葛洪关于治疗疟疾的方剂,葛洪在《肘后方》一书中有"青蒿一握,以水二升渍,绞取汁,尽服之"的说法,据说屠呦呦受此启发发现青蒿素,她因此获得2011年度拉斯克临床医学奖,2015年又获得诺贝尔医学及生理学奖。

葛洪一生著述颇丰,《抱朴子》是其代表作,该书分内、外两篇。内篇20卷,论述神仙方药、养生延年、禳邪却祸之事,他总结了晋代前的神仙方术,为医药学积累了宝贵的资料;外篇50卷,论述人间得失,阐明他的社会政治观点,他把神仙道

教理论与儒家纲常名教相联系,试图融合儒、道两家的思想。《抱朴子》的问世,对道教的发展产生了深远的影响。

10.5 陶弘景

陶弘景(456—536年,字通明,自号隐居先生)是丹阳秣陵(今江苏镇江一带)人。陶弘景生活于南朝,历经宋、齐、梁三朝,是当时一个相当有影响的人物,对本草学贡献很大。

陶弘景四五岁时就"恒以荻为笔,书灰中学字",9岁开始读《礼记》《尚书》《周易》《春秋》《孝经》《毛诗》和《论语》等儒家经典。10岁得葛洪《神仙传》,"昼夜研寻,便有养生之志"。及长,"读书万余卷,一事不知,以为深耻"。15岁作《寻山志》,倾慕隐逸生活。17岁就以才学闻名。

宋升明元年(477年),领军将军萧道成(即齐高帝)发动兵变,控制朝政,后2年,他代宋称帝,建南齐王朝。齐高帝萧道成及其子萧赜在位时(477—493年),陶弘景曾先后出任巴陵王、安成王和宜都王的侍读,兼管诸王室牒疏章奏等文书事务。

齐永明十年(492年),陶弘景上表辞官,挂朝服于神武门,退隐江苏句容句曲山(茅山),不与世交。梁武帝萧衍即位(502年)后,念其旧功,"恩礼愈笃,书问不绝";天监三年(504年),遣人送黄金、朱砂、曾青、雄黄等物,以供炼丹之用;天监十三年,敕于茅山为之建朱阳馆。陶弘景隐居茅山达45年之久，享年81岁而逝，梁武帝诏赠中散大夫，谥贞白先生。

陶弘景作为道教茅山派代表人物，曾以道教上清派宗师的身份前往鄮（mào）县（今宁波）礼阿育王塔，自誓受戒，佛道兼修。在书法上，陶弘景工草隶，行书尤妙。

陶弘景归隐茅山后，除了撰写了大量重要的道教著作，在天文历算、地理方物、医药养生、金丹冶炼诸方面也都有所著述，据统计，全部作品达七八十种。他曾整理古代的《神农本草经》，并增收魏晋间名医所用新药，成《神农本草经集注》（7卷），共载药物730种，并首创沿用至今的药物分类方法，即以玉石、草木、虫、兽、果、菜、米实分类，对本草学的发展有一定的影响。

10.6　药王孙思邈

孙思邈（581—682年）是京兆华原（今陕西省铜川市耀州区）人，是著名医药学家和道士，被后人尊称为"药王"。

孙思邈出生于一个贫苦农家，少时聪明过人，7岁时就认识一千多字，每天还能背诵上千字的文章。他少时曾患病，经常请医生治疗，花费很多，为此，18岁时便立志学医。到了20岁，孙思邈已能侃侃而谈老子和庄子的理论，精通道家典籍；他也下功夫钻研医学著作，亲自采集草药，研究药物学，同时广泛收集民间验方，积累了许多临床经验。

孙思邈一生勤于著书，晚年隐居于故里京兆华原五台山

（后更名为药王山）专心著述。唐永淳元年（682年），孙思邈与世长辞，享年102岁。孙思邈认为"人命至重，有贵千金，一方济之，德逾于此"，故将自己的两部著作均冠以"千金"二字，名《千金要方》和《千金翼方》，医学史上称为"两千金"。

《千金要方》（30卷）含方、论5 300余首，集方广泛，内容丰富，涉及内科、外科、妇科和儿科等临床各科；内容既包括解毒、急救、养生和食疗，又包括针灸、按摩、导引和吐纳，可谓理、法、方、药齐备。此书可视为孙思邈对唐代以前中医学发展的总结，是中国最早的医学百科全书，对后世医学特别是方剂学的发展产生了重要的影响。《千金要方》对日本和朝鲜医学的发展也有积极的作用。

《千金翼方》（30卷）是孙思邈晚年的作品，是对《千金要方》的补充。全书含方、论、法2 900余首，内容涉及本草、妇人、伤寒、小儿、养性、补益、中风、杂病、疮痈等诸多方面，尤以治疗伤寒、中风、杂病和疮痈最见疗效。书中收载的800余种药物当中，有200余种详细介绍了药物的采集和炮制等相关知识。特别是，该书将当时已经散失到民间的《伤寒杂病论》条文收录其中，单独构成第9~10卷，成为唐代仅有的《伤寒杂病论》研究性著作，对于《伤寒杂病论》条文的保存和流传起到了积极的作用。

10.7 金元四大家

宋金元时期是中医理论的大发展时期，可谓"新学肇兴"。当时，不少医家深入研究古代的医学经典，结合各自的临床经验，自成一说，或解释前人的理论，或提出与前人不同的观点，逐渐形成了不同的流派，进而出现了金元四大家，即金元时期（1115—1368年）的刘完素、张从正、李杲和朱震亨等四位著名医学家。简单地说，刘完素主张"寒凉"的观点，张从正主张"攻下"（汗、吐、下）之法，李杲主张"补土"（补脾）之说，朱震亨主张"养阴"之说。可见，金元四大家代表了四个不同的医学流派，他们的观点大大丰富了中医理论，大大推动了中医学的发展。元末明初著名文学家宋濂（1310—1381年）在为朱震亨《格致余论》作序时说：

> 金之以善医名者凡三人，曰刘守真（刘完素）氏，曰张子和（张从正）氏，曰李明之（李杲）氏。虽其人年之有先后，术之有攻补，至于推阴阳五行升降生成之理，皆以《黄帝内经》为宗，而莫之有异也。

又说，元代朱震亨的《格致余论》"有功于生民者甚大，宜与三家所著并传于世"。自此而后，"金元四大家"之称流行于世。

刘完素（1120—1200年，字守真）是河北河间人，故亦尊称刘河间，别号守真子，自号通玄处士。他是宋金医学界影响较大的一位医家。刘完素认为,"法之与术,悉出《内经》之玄机"。由于疾病多因火热而起,倡"六气皆从火化"之说,在治疗上擅长运用寒凉药物,世称"寒凉派"。

张从正(约1156—1228年,字子和,号戴人)是一位具有革新思想的医家。他私淑刘完素,善用攻法,认为"治病应着重驱邪,邪去则正安,不可畏攻而养病",发展和丰富了"汗、吐、下"三法,世称"攻下派"。他还十分重视"心理疗法"。张从正说,"勿滞仲景纸上语",反映出他的革新思想。

李杲(1180—1251年,字明之,号东垣老人)是著名医家张元素(创"易水派")的高徒,他发展了张元素脏腑辨证之长,区分了外感与内伤。他认为"人以胃气为本","内伤脾胃,百病由生"。他首创内伤的观点。他采取了一套以"调理脾胃"和"升举清阳"为主的治疗方法,世称"补土派"。在治疗上长于温补脾胃,他提出不少方剂,如升阳益胃汤、补中益气汤(丸)、调中益气汤等名方,被后世广泛应用。

朱震亨(1281—1358年,字彦修)是浙江义乌人,由于世居丹溪之边,被尊称"丹溪翁"或"丹溪先生"。他30岁时才学医,拜名医罗知悌(据说是刘完素的学生)为师,他对刘完素、张从正、李杲各派学术都做过认真研究,并充分研究了各家学说关于"相火"的见解,创造性地阐明了"相火"有常有变的规律,提出了"百病皆因痰作祟"的观点,以及著名的"阳常有余,阴常不足"的观点,在临症治疗上提倡并善用滋阴降火之法,世称"滋阴派"。由于朱震亨善于吸收前人的观点,还被誉为"集医之大成者"。在国外,日本于15世纪曾成立"丹溪学社",专门研究他的学说。朱丹溪一生著述很多,除了《格致余论》(1卷),还有《丹溪心法》(5卷),分100门,后附《丹溪翁传》,等等。

金元四大家的学说标志着中医发展的一个新阶段,而且对后来的中医发展产生了深远的影响。

10.8 消灭天花的"痘术"

1977年10月26日,全球最后一名天花患者,索马里人阿里·马奥·马丁被治愈。1980年5月8日,世界卫生组织在肯尼亚首都内罗毕宣布,危害人类数千年的天花已经被根除,这也是人类唯一消灭的传染病。在治疗天花的过程中,中国人最先发明了"人痘术",在临床上发挥过重要的作用。

天花是烈性传染病和流行病,天花早期症状是全身中毒、发高烧、头痛、全身酸痛和呕吐等,继而在身体上看到大量的斑疹、丘疹、疱疹和脓疱,病情险恶,死亡率高。它由天花病毒感染而致,通过接触或飞沫传染,全世界流行,对人类危害极大。人类历史上约有5亿人死于天花,幸存者也会终生留下痘痕(如麻子脸)。

满清入关后的第一个皇帝顺治帝即患天花而卒,时年仅23岁。据说,当时满族人畏惧天花远远超过了畏惧明朝军队

和农民起义军。清初的户籍管理把居民分为"熟身"和"生身","熟身"是指出过天花或经历过天花的人,"生身"就是没有出过天花或被怀疑有可能携带病原的人。政府规定,一旦发生疫情,"生身"皆不准留在城中。顺治皇帝被天花夺去生命后,皇子玄烨(后来的康熙帝)被选中继皇帝位,就是因为他出过天花。当时的人们应该知道,得过天花的人就获得了终身的免疫。

天花病毒可能是东汉初光武帝刘秀在位时(25—57年)由战俘传入中国的,因此天花当时被称为"虏疮"。在天花流行过程中,又有各种各样的名称,如"天行发斑疮""豌豆疮""豆疮""斑豆疮""天痘"和"疫疠疱疮",等等。到清代,在《天花精言》中才正式出现了"天花"的病名。

中国人在治疗这种烈性传染病的临床工作中,不断探索预防天花和减轻病情的方法,后来发明了人痘术。早在唐代开元年间(713—741年),已有"江南赵氏始传鼻苗种痘之法"的记载。北宋宰相王旦的几个儿子都死于天花,后又生子王素,为保儿子的命,王旦于宋真宗咸平元年(998年)请来峨眉"神医"为王素种痘,"至七日发烧,后十二日,正痘已结痂矣",王素最终活了下来。在宋代还出现了第一部天花和麻疹方面的专著——《小儿斑疹备急方论》(作者董汲),明清关于天花的医著众多。明代已形成经人体精加工选炼而成的毒性较小的"太平疫苗",因出于安徽宁国府太平县而得名。

明末清初，种痘免疫法主要有4种方法：

（1）痘衣法：用正患天花的儿童的衬衣或用痘浆染衣，给被接种的人穿上，使之感染，以发轻症；

（2）痘浆法：用棉花蘸染痘的疮浆，塞入被接种儿童的鼻孔中，使之感染，亦发轻症；

（3）旱苗法：把痘痂阴干，然后研碎研细，用银管吹入被接种儿童的鼻孔中，以预防天花；

（4）水苗法：把痘痂阴干研碎研细后，用水调匀，用棉花蘸染后塞到被接种人的鼻孔中，以预防天花。

其中痘衣法和痘浆法较为原始，旱苗法和水苗法较为先进。把痘痂作为疫苗，既便于推广，效果也好，而水苗法比旱苗法更为方便易用，且预防效果也更好。

在使用旱苗法和水苗法之时，清代朱奕梁曾指出："其苗传种愈久，则药力之提拔愈精，人工之选炼愈熟，火毒汰尽，精气独存，所以万全而无患也。"这种对人痘疫苗的"火毒汰尽，精气独存"的选种培育方法，在16世纪末、17世纪初已成为较为成熟的方法。据清初著名痘医张琰的著作《种痘新书》所记，"种痘者八九千人，其莫救者二三十耳"，成功率非常高，可见当时的人痘法已比较成熟。人痘术大幅度地减少了中国天花病的患病人数，也大大降低了天花病患者的死亡率。

17世纪，俄罗斯知悉中国的人痘法后，于清康熙二十七年（1688年）专门派出医师到北京学痘医。人痘接种术还从俄国传入中亚再至土耳其。英国驻土耳其公使的夫人蒙塔古在君士坦丁堡亲眼目睹了当地人为孩子种人痘预防天花的方法，在1717年，蒙塔古给她的孩子接种人痘，并把人痘术传入英国。在国王的支持下，英国大力推广人痘术，开设种痘医院，英国很快成为欧洲乃至世界的人痘接种中心，欧美各国都派人到英国学习人痘接种术，人痘术先后传至法国及欧洲大陆各国，又传至印度，并于1721年传入美国。

采用人痘术预防天花仍有一定的风险，因而不少医生仍在寻找更为简便、更为有效安全的技术。英国乡村医师琴纳（又译为詹纳，1749—1823年）于1780年发现，牛乳头所生的不同疱疹能传染给人，其中有一种疱疹的脓浆可以预防天花。1796年，他首次在一名8岁的男童身上试种牛痘，并取得成功。1798年，他撰写出《牛痘接种原因与效果研究》一书，并自费出版。

牛痘术比人痘术更为简便、安全、有效，很快在世界各国推广。1805年，牛痘术经澳门传入大陆，并很快替代人痘术在大众中广为流行。对于牛痘术在中国的迅速传播和成功推广，琴纳说，中国人似乎比他家乡的英国人更信赖牛痘术。由于牛痘术的推广，中国于20世纪60年代在全国范围内消灭了天花。

西方医学在中国发明的人痘术的基础上萌生了免疫学理论，英国科技史家李约瑟指出，人痘术是世界"免疫学的源头"。

10.9 李时珍

著名的医学家和药学家李时珍(1518—1593年,图10-1)生于湖北蕲春县蕲州镇东长街的瓦屑坝,祖父是草药医生,父亲李言闻是当时的名医,曾在太医院任职。李时珍14岁时随父到黄州府应试,并中秀才,但是后来3次赴武昌应试均不第,故决心弃儒学医,23岁随其父学医,医名日盛。

图10-1　李时珍采药图

明世宗嘉靖三十年(1551年),李时珍因治好了富顺王之子的病而医名大显,被武昌的楚王聘为王府的"奉祠正",兼管良医所事务。明嘉靖三十五年(1556年),李时珍又被推荐到太医院工作。

太医院的工作经历对于李时珍产生了重大的影响,在这一期间,李时珍积极地从事药学研究工作,经常出入太医院的药房及御药库。他仔细比较和鉴别各地送来的药材,搜集了大量的资料,同时他还有机会阅读皇家珍藏的丰富典籍,他还从宫廷中获得了当时来自民间的大量本草学的新知识。

李时珍于嘉靖三十七年(1558年)从太医院辞职还乡,创立了"东璧堂",坐堂行医,并致力于对药物的考察研究。

萌芽与花朵
——古代的科学技术

在长期行医以及阅读古代医籍的过程中，李时珍发现，古代本草书中存在着一些错误，遂决心重新编纂一部本草书籍。在嘉靖三十一年（1552年），李时珍着手编写《本草纲目》，他以宋代唐慎微的《证类本草》为蓝本，参考了800多部书籍，其中从《证类本草》中收入了1 000多种药物。在父亲的启示下，李时珍认识到，要"读万卷书"，还要"行万里路"，于是，他既"搜罗百氏"，又"采访四方"，进行调查。从嘉靖四十四年（1565年）起，李时珍多次离家外出考察，足迹遍及湖广、江西和直隶各地，弄清了药物的许多疑难问题。

在编写《本草纲目》的过程中，最为困难的就是有些药物的药名杂乱，前人对于药物的形状和生长情况记述不详。例如远志，南北朝医药学家陶弘景说它是小草，像麻黄，但颜色青，开白花，宋代人却认为它像大青，并责备陶弘景根本不认识远志。

为了写得明白，李时珍常常要亲自考察，甚至尝一尝草药，以得到体验。例如，他的家乡有一种"白花蛇"，是一种毒性很强的蛇，但也是一种贵重的药，可治疗多种疾病。为了描述蛇的形态，李时珍进行了深入的调查。他跟着捕蛇的农民去捉蛇，与捕捉白花蛇的农民一起进入当地的九峰山中。他发现，白花蛇"其走如飞，牙利而毒"。他们捉到几条白花蛇，李时珍仔细地观察，在书上描写得很清楚。

经过27年的长期努力，李时珍于万历六年（1578年）完成

《本草纲目》初稿,时年61岁。此后的十年间,他又3次修改。对于刻印《本草纲目》,由于费用太高,李时珍无力承担。后来,他终于找到了一位资助人,这位资助人对李时珍的书很赞赏,看到了该书的价值。万历二十五年(1596年),《本草纲目》在金陵(今南京)正式刊行,但这时李时珍已经去世两周年了。

《本草纲目》出版之后,立刻就受到人们的重视,后来还先后被翻译成日文、朝鲜文、拉丁文、英文、法文、德文和俄文等文字,达尔文称赞《本草纲目》为"中国古代的百科全书"。

10.10　苏州名医叶天士

叶桂(1666—1745年)是清朝苏州名医,他的字是天士,所以世人多称叶天士(图10-2)。他少承家学,以行医为业。祖父叶紫帆(一作子蕃,名时)一世行医。父亲叶阳生(名朝采)医术更精,读书也多,且喜欢饮酒赋诗和收藏古物,但不到50岁就去世了,当时叶桂才14岁。

图10-2　叶天士

叶桂12岁时随父亲学医,父亲去世后,便拜父亲的门人朱某为师,继续学习医术。他聪颖过人,加上勤奋好学、虚心求教,所以进步很快,不到30岁就医名远播。

叶桂从小熟读古典医籍,他不仅博览群书,而且善学他人长处。听说山东有位姓刘的名医擅长针术,叶桂想去学但没人介绍。一天,那位名医的外甥赵某因为舅舅治不好他的病,就来找叶桂。叶桂专心诊治,几副药就治好了。赵某很感激,同意介绍叶桂改名换姓去拜他舅舅为师。叶桂在那里认真学习,细心体会。一天,有人抬来一个神智昏迷的孕妇,刘医生诊脉后说不能治。叶桂仔细观察后,取针在孕妇脐下刺了一下,叫人马上抬回家去,到家后胎儿果然产下。刘医生很惊奇,详加询问才知道这个徒弟是大名鼎鼎的叶桂,心中很感动,就把自己的针灸医术全部传授给了他。

另一个故事说,叶桂的母亲患病,他总治不好,请城内外名医诊治也不见效。此时家人介绍说,后街的章医生常夸自己医术比你高明,但请他看病的人却寥寥无几。叶桂认为出此大言,当有真才实学,吩咐快去请来。仆人请章医生时说,太夫人病势日危,主人终夜彷徨,口中反复念着"黄连"。章医生到叶天士家诊视老太太后,细看过去的药方后说:药、症相合,理当奏效,但药中须加黄连。叶桂一听便说,母亲年纪大,用黄连恐有危险。章医生认为,太夫人本元坚固,对症下药,应用黄连。叶桂很赞同,结果吃了两剂药病就好了,以后叶桂便对人说:"章医生医术比我高明。"

叶桂是"温病四大家"之一,被尊为温病学派的代表,首创温病"卫、气、营、血"辨证大纲,为温病的辨证论治开辟了新途径。叶桂最擅长治疗时疫和痧痘等症,是中国最早发现猩红热的人。

在吴县城外有一个中年富商,孩子出起了痘子(俗称红花疹),先是浑身发烧,后来竟昏迷不醒。富商略懂医术,知道这是"逆症",往往有生命危险,于是请来叶桂。叶桂吩咐富商找了十余张新油漆的桌子,然后把孩子的衣服脱光,放在桌子上用手转动揉搓。待十余张桌子都转过了,已到了五更天,孩子终于"哇"的一声哭出声来,浑身的痘子也全发了。

无独有偶,叶桂的外孙刚满一岁也得了痘症,痘发不出来,女儿抱回家来请他医治。叶桂觉得很难治。女儿急得直哭,平常父亲总说痘无死症,现在碰上外孙的痘症就不能救了,女儿说着拿起剪刀就要自杀。叶桂不得已,低头沉思了好久,最后把婴儿赤身裸体地抱到一间空屋里去。到了半夜,叶桂才开门看婴儿,痘已经出好了。原来那间空屋里蚊子很多,叮咬婴儿的皮肤就使痘发出来了。

叶桂自号"香岩",人称"半仙"。连康熙皇帝也感激他治好了自己的搭背疮,御笔亲题"天下第一"的匾额赐给他。除精通医术外,叶桂也博览群书,他认为"学问无穷,读书不可轻量也"。叶桂的儿子叶奕章和叶龙章也都是著名医家。叶桂的学说在其身后二百多年的持续发展中,形成了中医史上一个重要的医学流派——"叶派",在近代医学史上占据着重要的位置。

十一、生物与农学

早期的人类为索取食物而从事采集和狩猎活动,需要对动物和植物的种类和品性进行识别。早期的代表人物是神农氏,神农氏"乃求可食之物,尝百草之实,察酸苦之味",据传,他在尝百草之时,"一天而遇七十毒"。除了寻觅能吃的食材,纺织用的植物也需要去寻找和试验。从黄河和长江流域的新石器时代的诸多遗址中,已发现耐旱植物粟、黍、稷和高粱,以及稻类作物;还发现了马、牛、羊、猪、狗的先后驯化,鸡、鸭、鱼、蚕、蜜蜂的驯化,以及各种果树和桑树的栽培,等等;有些动植物的形态还被绘制成岩画和陶器表面的装饰。这些珍贵的材料均可视为古代农学和生物学的萌芽。

11.1 养蜂的历史

蜜蜂和蚕都是人类驯化的昆虫。关于人类养蚕的历史,本书上篇第七部分已做过较多介绍,本节简单介绍人类养蜂的历史。养殖蜜蜂可以获得蜂蜜和蜂蛹,它们都是有益于人的健康的食物。今人猜测,人类驯养蜜蜂应该是很久以前的事了。中国养蜂的文字记载出现在3世纪,大医学家皇甫谧(215—

282年)写的《高士传》记载,在东汉延熹年间(158—167年),有一位名叫姜歧的隐者,他"以畜养蜂、豕为事,教授者满天下,营业者百三余人"。可见,在东汉末年,养蜂已经是一种职业了,许多人从养蜂的活动中获得收入。

晋朝人还注意到蜜蜂是一种社会性昆虫。到了宋代,人们对蜜蜂的社会性理解得更加深入,当时的文学家王禹偁(954—1001年,字元之)对此曾有较为详细的记载,在他与寺人的对话中讨论了蜂的社会性。王禹偁写道:

予因问:"蜂之有王,其状若何?"曰:"其色青苍,差大于常蜂耳。"

问:"胡以服其种?"曰:"王无毒。不识其他。"

问:"王之所处?"曰:"窠之始营,必造一台,其大如栗,俗谓之王台。王居其上,且生子其中,或三或五,不常其数。王之子尽复为王矣,岁分其族而去。山虻(méng)患蜂之分也,以棘刺关于王台,则王之子尽死而蜂不拆矣。"

又曰:"蜂之分也,或团如罂,或铺如扇,拥其王而去。王之所在,蜂不敢螫。失其王,则溃乱不可响迩。凡取其蜜不可多,多则蜂饥而不蕃;又不可少,少则蜂堕(惰)而不作。"由这里的记述可知,蜂群中有个蜂王,它的颜色特殊,为青苍色,且比别的蜂要大,也没有毒。蜂王生下幼(蜂)王之后,会发生"分王"的现象,一部分蜂(群)会随着蜂王飞走。因此,养蜂人会用棘刺封闭王台,让巢房内的幼王死去，这样蜂群就不会被拆散。一般来说，如果失去蜂王，蜂群就会发生崩溃。

蜂的活动是以蜂巢（也叫蜂房）为"基地"的，养蜂人要注意蜂房的洁净，以及气候的晴雨、燥湿和寒暖对蜜蜂的影响，特别要防止天敌的破坏，要防护在先，甚至还要考虑蜂箱的选材、排放和管理等诸种要求。

对于养蜂的技术，在元代的《农桑辑要》和《王祯农书》，以及明代的《农政全书》中都有记述。

11.2 防治害虫的方法

在作物生长过程中，害虫的破坏作用很大，因此田间管理很大一部分是针对害虫的。对于防治害虫，我们的先民非常重视用天然药物治虫的方法，并且积累了很多经验。天然药物分为两类——植物性药物和矿物性药物，以前者为主，后者为辅。就前者来看，白敛可以避虫，苦参可以杀虫，可以用来治虫的植物还有百部、巴豆、雷公藤、芫花、苦楝花、藜芦等；就后者来看，有灰剂、硫剂和砷剂，灰剂常用草木灰、炉灰和石灰等，硫剂可用熏烟和触杀两种方法，用砷剂主要是蘸秧根和制毒谷等。药物治虫有一定副作用，有的费用还比较高。

古人在一些祭祀活动中，也会对（有害）昆虫发出"请求"。例如，在《礼记·郊特性》中有这样的记述，在年终祭礼（即"蜡祭"）时说道："土反其宅，水归其壑，昆虫毋作，草木归其泽！"恳请昆虫不要危害人类的作物。在《诗经·大田》中也有类似的记述，诗人说道：

去其螟螣(téng)，及其蟊贼，无害我田禾秧，田祖有神，秉畀(bì)炎火。

其中的"螟""螣""蟊""贼"，分别指危害禾黍的心、叶、根、节的4类害虫，特别是治理这些害虫已不是请求了，而是提倡用"秉畀炎火"的方法。这种方法是，利用害虫的趋光性，举火灭虫。

古人认识和防治的害虫中，蝗虫是最有代表性的。例如，东汉王充在《论衡·顺鼓篇》中记载了蝗虫发作的情景，他写道："蝗虫时至，或飞或集。所集之地，谷草枯索。吏卒部民，堑道作坎，榜驱内于堑坎，杷蝗积聚以千斛数。"这里，王充比较详细地记述了蝗虫的习性和危害，以及如何防止其危害。在王充之后，《汉书》和《资治通鉴》中也有类似的记载。在《齐民要术》中，贾思勰引述了《氾胜之书》中的治蝗虫之法。唐朝名相姚崇（651—721年）重视对蝗虫的治理，他记述了发生在贞观二年（628年）六月的旱地蝗灾，由于发生在京畿重地，唐太宗李世民（598—649年）曾经下罪己诏，甚至吞下了一只蝗虫，同时号召民众除蝗虫、消蝗灾；开元四年（716年），山东蝗虫大起成灾，姚崇发动民众，采取开沟陷杀蝗虫蝻(nǎn，蝗虫的幼虫)和火烧的方法，消除了蝗虫之灾，据说，仅在汴州一地就"获蝗一十四万石，没汴渠流者不可胜记"。

萌芽与花朵
——古代的科学技术

到宋代,普通运用掘卵灭蝗虫的方法,据说,在景祐元年(1034年)六月,开封诸路发动民众,掘出蝗虫种万余石。欧阳修(1007—1072年,字永叔,号醉翁、六一居士)曾经写过一首《答朱寀(shěn)捕蝗诗》,他在这首长诗中从古至今地演说了一遍灭蝗虫的重要意义,从中也能看出宋朝廷对于治理蝗虫的决心。《熙宁诏》(1075年)和《淳熙敕》(1182年)是世界上最早的有关治蝗的官方文件,淳熙九年(1182年)颁布的灭杀蝗虫的法规《淳熙敕》中规定:"官、私荒田经蝗下落处,令佐应差募人取掘蝗子(即卵),而取不尽因致次年发生者,仗一百。"借助法律的手段,加上政府的督促,大大提高了杀灭蝗虫的效果。宋朝还颁发了《捕蝗法》(1193年),这种治蝗手册也发挥了重要的作用。

历史上一些专家也编写出了治理蝗虫的专著,例如,明朝徐光启的《除蝗疏》和清朝顾彦的《除蝗全书》,都对治蝗工作论述得甚为详细。特别是徐光启的《除蝗疏》,对于蝗虫的生活史以及蝗虫与环境的关系都有较为深入的认识,并且提出了根治的方法。例如,徐光启指出,夏天的蝗虫卵最容易孵化,但是,如果在产卵之后8天之内遇到了雨水,则卵就不会孵化,甚至要腐烂;冬春之时,如果遇到严寒和春雨也会死掉。徐光启还指出,河滩洼地最容易产生蝗虫,所以要尤其关注。

古人在治虫工作中,还有一种重要的方法是生物防治的方法,俗称"以虫治虫"。西晋科学家嵇含(263—306年,字君

道)写的《南方草木状》中就有"以虫治虫"的例子,嵇含在书中写道:

> 柑乃橘之属,滋味甘美特异者也。有黄者,有赪者,赪者谓之壶柑。交趾人以席囊贮蚁鬻于市者,其窠如薄絮,囊皆连枝叶,蚁在其中,并窠而卖。蚁赤黄色,大于常蚁。南方柑树若无此蚁,则其实皆为群蠹所伤,无复一完者矣。

唐代学者段成式在《酉阳杂俎》中也有类似的记述。这里提到的"赤黄蚁",比常见的蚂蚁要大,今人称之为"黄猄(jīng)蚁",也有"红树蚁"和"织窠蚁"的称谓。这种蚁产于热带或亚热带地区,并常见于柑橘树上。这种蚁在柑橘树上结网筑窠,吞食柑橘树上的害虫。

宋代的庄绰在《养柑蚁》一文中说:"广南可耕之地少,民多种柑橘以图利,常患小虫,损失其实。惟树多蚁,则虫不能生,故园户之家,买蚁于人。遂有收蚁而贩者,用猪羊脬脂其中,张口置蚁穴旁,俟蚁入中,则持之而去,谓之养柑蚁。"

除了黄猄蚁之外,古人还注意到另外一些捕食害虫的昆虫。例如,宋代的陆佃在《埤(pí)雅》中写道:"蜻蛉,六足四翅,其翅薄如蝉,昼取蚊虻食之。"苏轼在《东坡志林》中也提到了一种"步行虫",它可以捕食黏虫,这种步行虫也被称为"步甲",步甲的成虫和幼虫均为食肉性的,且食量比较大,因此在自然界中对黏虫的数量能起到一定的控制作用。

在自然界中,昆虫的一类天敌是捕食性的蜂,其中捕食蝗虫的蜂是极其重要的。在现代人的治虫活动中，也有利用蜂治虫的例子。例如，在山东省诸城市贾悦镇琅埠村的烟田里，科技人员就曾用烟蚜茧蜂治烟蚜，烟蚜茧蜂是烟蚜的主要天敌之一。这种"以虫治虫"的生物防治技术成本低、作用大、效果好，在诸城的烟叶生产地区得到了推广，成为防治烟叶病虫害的重要技术措施之一，后来重庆万州也引进了这种绿色防治技术。

11.3 从"螟蛉义子"说起

远古之人注意到一种名为"螟蛉"的昆虫，依今人来看，螟蛉属于鳞翅目。在《诗经》中有"螟蛉有子，蜾蠃（guǒ luǒ）负之"的句子，其中"蜾蠃"又称土蜂、蠮螉、蒲卢或细腰蜂，是寄生蜂的一种。这句话的含义是，螟蛉的幼虫被细腰蜂掠走了。古人误以为蜾蠃自身不能繁殖，于是收养螟蛉幼虫，被收养的螟蛉幼虫长大就成了蜾蠃。因此，在中国古代，养子被称为"螟蛉之子"。例如，在小说《三国演义》中，刘备曾收了一个义子，名为刘封，刘备的结拜兄弟关羽认为刘备有自己的儿子，没有必要收这个"螟蛉义子"，后来关羽败走麦城，刘封竟不发兵救援关羽。

蜾蠃收养螟蛉幼虫的说法当然是错的，实际上是蜾蠃捕捉螟蛉幼虫作为自己幼虫的食物（蜾蠃把卵产在螟蛉幼虫体内），在古代就有不少学者反对收养的说法。例如，南北朝时期的陶弘景指出，有一种黑色的细腰蜂含着泥作巢并在巢中产卵，卵如粟米大小，这种细腰蜂要捕来青蜘蛛十多只放入巢内作为卵孵化之后幼虫的食物，并将这个小巢封起来；还有一种蜂在竹子内作巢，它们取青虫作为孵化出的幼虫的食物。陶弘景还专门指出，细腰蜂有雌有雄，能产下自己的后代，并不是把青虫当成自己的后代。

在陶弘景之后，唐代的段成式也发现，蜾蠃为它们的后代准备的食物并不限于青虫，还有小蜘蛛。

此后，宋代的学者寇宗奭、彭乘和皇甫汸（fāng），还有明代的李时珍对此也有详细的观察和记述，明清之际思想家王夫之也在《诗经稗疏》中记述了他的亲自验证。

在自然界中，类似的寄生现象还有很多，例如蚕蛆蝇的寄生。在《尔雅》中记载了这种寄生蝇，称为蠁（xiǎng），晋朝的郭璞作注时指出蠁还有一个名字叫"蛹虫"，宋朝陆佃的《埤雅》指出蠁"俗呼蠁子，入土为蝇"。这种"蠁子"实际上是一种残害蚕的害虫，"蠁子"把卵产在蚕的幼虫体内，在蚕的幼虫发育成熟并蛹化后，卵便孵化为蚕蛆蝇的幼虫，幼虫咬穿蚕茧钻入土中，并且很快转化为蝇。

"蠁子"对于蚕的危害引起了一些人的更为全面的观察。像明朝的谭贞默就在他的《谭子雕虫》中记下了他亲自观察到的现象，他先注意到前人的记录，又进行了更为深入的观察，指出寄生蝇对于家蚕的寄生多发生在二蚕，二蚕往往有70%

的蚕被"蠁子"寄生其内。

寄生在蚕体内的寄生蝇并非只"蠁子"一种。到清代,一位名叫赵敬如的人也仔细观察了寄生在蚕体内的一种蝇——一种多化性的蚕蝇。他的记述是:"大麻蝇,虽不食蚕,为害最甚。此麻蝇与寻常麻蝇不同,身翅白色,遍体黑毛,两翅阔张,颇形凶恶之状。其性颇灵,其飞甚疾。每至飞摇不定,不轻栖止,见影即飞,甚不易捉获。其来时在蚕略栖即下一白卵,形细如虮。二日,下卵之处变黑色,其蛆已入蚕身,在皮内丝料处,专食蚕肉。六七日,蛆老,口有两黑牙,钳手微痛。蚕因不伤丝料,仍可作茧。蛆老借两黑牙啮茧而出,成小孔,即蛀茧也。蛀茧丝不堪缫。蛆出一日,成红壳之蛹。十二三日,破壳而出仍为白色大麻蝇。"如此详细的蚕蛆蝇形态和习性记录,如果被养蚕的人家看到,一定会依照此记录采取周密的防护措施,以降低危害,减少损失。

关于蛆虫的寄生还有一些人体的类似现象。例如,隋朝的巢元方在他的名著《诸病源候论》中专写了"金疮虫候"一节,他指出,如果"金疮"长时间不愈,或者对于"金疮"的裹缚不得当,也会产生败坏,内部生虫蛆。在清朝,《外科心法》的作者黄黉(hóng)也记录了创面产生蝇蛆的现象,即"苍蝇闻秽丛聚,以致蛆病"。后来,赵学敏在《本草纲目拾遗》中提到了在西北地区常见到的"眼蝇蛆病",重症者还会失明。

11.4 粟、稻和大豆

粟也称"禾"或"谷子",去皮就是小米。谷子是狗尾草经人工培育成的作物,并且成为北方的主要农作物。在距今8 000—6 000年的河北武安磁山、山西夏县西阴村和西安半坡等遗址中,均出土有粟穗。甲骨文中有"粟"字。《诗经》中有"九月筑场圃,十月纳禾稼。黍稷重穋(lù,一种黏性的谷物),禾麻菽麦"的诗句,其中禾就是粟。春秋战国时期,粟和菽(大豆)是当时的主要食粮。此外,在江苏、湖北、湖南、广西等地的许多汉代墓葬中都用粟粒殉葬。1971年,在河南洛阳发掘的隋代含嘉仓,共有仓窖400多个,每窖可储粮7 000多石,其中多储藏的是粟。在几千年的发展中,粟从西晋《广志》记载的11个品种,到《齐民要术》记载的86个品种,再到清代《授时通考》记载的257个品种,今天则已接近1 500个品种。粟的栽培技术还先后传入周边国家和地区,并到达欧洲(我国粟的种植早于欧洲4 000年)。这些国家和地区对粟的发音分别是"粟克"(朝鲜)、"棍谷"(印度)、"粟米子"(俄罗斯),它们基本上保留了汉语"谷"和"粟"的原音。

传说,神农氏时代已开始种植稻。我国栽培稻来源于华南的多年生野生稻。南方新石器时代遗址中常发现稻谷。1973年,在浙江余姚河姆渡文化遗址(距今6 700年)出土了稻谷、稻壳和稻的秆叶等堆积物,它们保存得非常好,经鉴定,这些稻属于人工栽培的籼亚种中晚稻型的水稻。20世纪80—90年代，考古工作者在湖南省澧县彭头山遗址和八十垱遗址、道县玉蟾岩遗址，发现栽培稻的稻壳和炭化稻粒以及世界最早的古稻田；2006年，在距今约4 000多年的澧县鸡叫城遗址，发现了大量炭化谷糠和完整的灌溉系统。今天，以澧阳平原为代表的长江中游地区，被认为是世界水稻的起源与传播中心之一。水稻种植还从南方向北方扩散，这从《诗经》的记载（"八月剥枣，十月获稻"）中可以看出。到唐代，水稻种植得到迅速的发展，与粟并列成为两大粮食作物，宋明时期更发展成为第一粮食作物。除了中国，在印度和巴基斯坦发现的最早的稻只有4 500年历史，比中国要晚3 000年。在发音上，日本（称稻为"谷米"或"禾"）以及泰国、缅甸、越南（均称为"谷"）都与汉语的发音相近，可见亚洲稻的栽培应该是受到中国的影响。

秦以前大豆被称为"菽"，为中国特产，有"中国农业明珠"的称谓（今天更加认识到它的营养价值），传说在黄帝的时代就已栽培。我国古代的"五谷"中就包括菽（或称豆）。春秋战国时代，大豆的籽粒就用于煮饭，而且把豆叶当菜食（"民之所食，大抵豆饭藿羹"）。大豆不仅可以直接做饭食，而且自汉代以来还作为制豆腐的原料，具有重要的经济价值。据《齐民要术》记载，人们还认识到大豆种植对恢复地力具有重要的作用，在今天来看，这是合乎科学道理的，即种植大豆后，相当于为土地施了一遍氮肥。今天，世界种植的大豆都是直接或间接源于中国。大豆在亚洲传播得较早；在欧洲，先后传入法国、英国。1873年，在维也纳博览会上，中国展示了大豆，此后，欧洲各地争相引入，美国也是在19世纪引入成功的。

11.5 赵过和三脚耧

赵过是西汉农学家（前140—前87年）。汉武帝南征北战，还大兴土木，致使国库空虚，后来汉武帝对过度征伐有所认识，提出"方今之务，在于力农"，任命赵过为搜粟都尉。为了提高耕作技术，赵过提出了一种全新的农作制度——代田制，《汉书·食货志》对此作了精辟的概括："一亩三甽，岁代处。""甽"就是沟，这是在6尺宽、1440尺长（面积为一亩）的田地上开3条长为1440尺的沟（3条垄）；也可以在90尺宽、96尺长的田地上开45条长为96尺的沟。这个垄沟的断面深1尺，沟和垄各1尺宽。在沟内种植作物，幼苗在沟内时，既可减少光照，又可降低温度，使作物的耐旱能力加强；在除草时，可以顺便将垄土培在苗根部，直至垄消沟平，这样作物的根可以扎得较深，既可抗旱，又可抗风防倒伏。来年耕作时，将沟垄位置互换，这就是"岁代处"的意思。这种耕作方法可使土地适当休耕，并在更大程度上贡献地力，提高产量。

为了使代田法的推广有确实的把握，赵过做了长期准备和细致安排，他有计划、有步骤地进行了试验、示范和全面推广等一系列工作。首先，赵过在皇帝行宫和离宫的空闲地上进行试验，使汉武帝看到代田法的确比其他的作业方法优越，能使每亩田地增产一斛（hú，合十斗），应予推广。其次，赵过设计和制作了新型配套农具（如一次能播种三行的三脚耧，图11-1），为推广代田法创造了技术条件。再次，赵过运用行政手段让郡守命令县和乡的长官、三老和力田（地方小农官），以及有经验的老农学习使用新型农具和代田耕作方法，为推广代田法奠定了扎实的技术基础。最后，先在一些田里进行示范，然后再推广，使农民皆采用代田耕作方法。

图11-1　三脚耧

随着代田法的推行，旧耕作方法逐渐被淘汰，赵过所创的新农具和新耕作法不断得到更大规模的推广，粮食产量得到了增长。

赵过还向全国推广耦犁（即二牛三人的办法），使铁犁和牛耕法逐渐普及。赵过所创造的新农具和新耕作技术，不只对汉代农业发展产生了积极的作用，在古代农业科学技术的发展史上也占有重要的地位。

11.6　陆龟蒙和江东犁

在古代，最平常的农具当属耒与耜，其发明可以追溯到史前时期，这是两种原始的翻土农具。最初的耒只是一尖头木棍，后来又在尖头木棍的下端安装了一个短棍用于踏脚，这就是耒。使用耒耜的方式，有一人的"力田"，有二人的"耦耕"，还有三人或多人的"劦（协）田"。20世纪60年代，从浙江余姚河姆渡遗址发掘出了骨耜（图11-2），距今已经七千多年了，这是最早的耜。

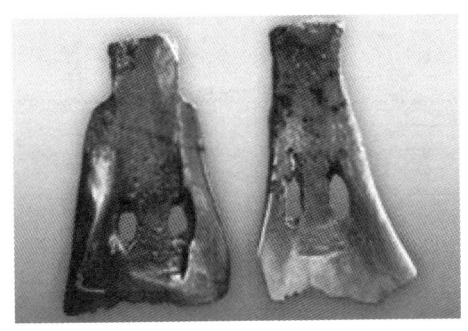

图11-2　河姆渡遗址出土的骨耜

初期的犁仅仅是将原来耒耜的一推一拔改为连续推拔。随着金属工具和牲畜的使用，耒耜发展成犁，战国时期还出现了铁制的耕犁。汉代的铁犁已有许多类型，其中犁壁的作用最为显著。犁壁不仅可以翻土和碎土，而且可以使土向一侧翻去，这种翻转可将杂草埋压在土下。欧洲的犁直到11世纪才装上犁壁。

到秦汉时，犁已具备犁铧、犁壁、犁辕、犁梢、犁底等多种零部件，但多为直的长辕犁（直辕犁）。这种犁回转不灵便，尤其不适合南方水田使用。"安史之乱"以后，中国的经济重心开始移向南方,南方农民也采用了精耕细作的方式,以"耕、耙、耖"为核心的耕作技术体系基本形成。唐代时,直辕犁被改进为曲辕犁(图11-3),并在江东一带广泛使用,因此这种犁也被称为"江东犁"。唐代曲辕犁可视为中国农具史上的一个里程碑。

图11-3 直辕犁与曲辕犁对比

唐朝诗人陆龟蒙(? —881年,字鲁望)是长洲(今江苏苏州)人,他藏书甚多,史称他"癖好藏书",家中收藏多至3万卷。陆龟蒙年轻时已通六经大义,尤精《春秋》,在举进士不第后,他隐居松江甫里,人称"甫里先生"。他的诗以写景咏物为多,是唐朝隐逸诗人的代表,对晚唐时弊也多所抨击。他与皮日休为友,世称"皮陆"。

陆龟蒙置园顾渚山下,常带着书、茶、笔、勺具,乘船游江湖之间。他每得一珍本,熟读背诵后再加以抄录,以至于每书有一副本保存。后封官左拾遗,未到任即卒。

陆龟蒙的成就不仅体现在文学上,他在农学上同样造诣匪浅,他撰写的《耒耜经》是一部描写中国唐朝末期江南地区农具的专著。书中对精耕细作的技术体系提出了"深耕疾耰"的原则,还记述农具4种,特别是对"江东犁"(曲辕犁)的各部构造与功能做了记述和说明,是研究古代耕犁最基本最可靠的文献。

《耒耜经》中提及的曲辕犁的犁铲和犁壁均为铁制。曲辕犁为铁木结构,由犁铲(犁铧)、犁壁、犁床(犁底)、压铲、策额、犁箭、犁辕、犁评、犁建、犁梢、犁槃等11个零部件组成(图11-4)。这种犁在许多博物馆中均可见到,如中国科技馆华夏厅。对照实物可以看出,犁铧用以起土,犁壁用于翻土,犁底和压铲用以固定犁头(犁铧和犁壁),策额保护犁壁,犁箭和犁评用以调节耕地深浅,犁梢控制宽窄,犁辕短而弯曲,犁槃可以转动。整个犁具有结构合理、使用轻便、回转灵活等特

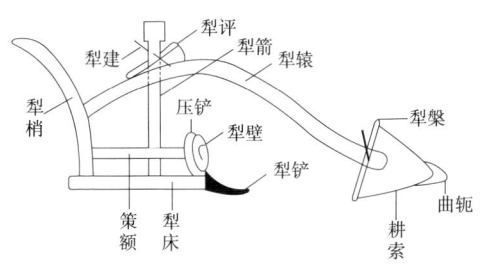

图 11-4 曲辕犁的零部件

点,它的出现标志着传统的中国犁已基本定型。陆龟蒙还对各种零部件的形状、大小、尺寸进行了详细记述,十分便于仿制流传。使用江东犁容易控制入土的深浅,起土省力,因此有较高的效率。现代犁与江东犁大致是相同的。从历史记载看,中国古代耕犁技术的发展一直处在世界的前列。

11.7 陆羽和茶

茶的古称是"荼"或"茗"。最初,茶被当作一种药物,传说神农氏用茶解毒,至今饮茶者也多取茶的健身防病之作用。周代人用茶作为祭祈的供品。人工培育茶树是很早的,按照《尔雅》中有关茶树的记载,至今已有2 000多年了。种植茶树宜在山坡,且适宜短日照。管理的技术也很严格,采茶最好在清晨,且用指甲而勿用指头采摘。更为讲究的是茶叶的加工,这是影响茶叶质量和品位的关键。茶叶生产地多在南方,北方人饮茶多赖于南方的供应。5世纪,茶叶开始出口亚洲的一些国家,16世纪出口到欧洲。19世纪,茶籽和茶树先后传入爪哇、印度、锡兰(今斯里兰卡)和俄罗斯。今天世界各产茶国的茶树多是直接或间接从中国引入茶种而培育起来的,各国"茶"的发音多采用广东和福建一带"茶"的发音,或有所演变。今天,茶叶与咖啡、可可并称世界三大饮料。

说到茶就不得不提到陆羽,还有他的《茶经》。

唐代,南方已广泛种植茶树,并且有陆羽的《茶经》问世。

所以，中国不仅最早培植了茶树，而且最早写出了论茶的专著。陆羽(733—804年，字鸿渐，一名疾，字季疵，道号竟陵子、桑苎翁、东冈子，又号"茶山御史"，图11-5)是复州竟陵(今湖北天门)人，他于唐上元初年(760年)写出世界上第一部茶叶专著——《茶经》(3卷)，这是陆羽对茶学研究的重大贡献。为此，他在民间被奉为"茶神"。由于陆羽是第一个写有关茶的专书的人，对茶文化的继承与发扬功不可没，所以从唐代起就开始被人尊称为"茶圣"。唐时曾任过衢(qú)州刺史的赵璘，其祖上与陆羽交契至厚，他在《因话录》里说：陆羽性嗜茶，始创煎茶法，至今鬻(yù)茶之家，陶其像置于锡器之间，云宜茶足利。

图11-5 陆羽像

关于陆羽身世，在陆羽的自传中他自己写道："字鸿渐，不知何许人，有仲宣、孟阳之貌陋，相如、子云之口吃。"其实，陆羽是一个弃婴，被遗弃在竟陵一座寺庙的附近，当智积禅师(被尊称为"积公")路过一座小石桥时，忽闻桥下群雁哀鸣之

声,走近一看,只见一群大雁正用翅膀护着一个男婴,男婴被冻得直抖,于是智积把他抱回寺中收养。这座石桥后来被人们称为"古雁桥",附近的街被称为"雁叫街"。

积公请李公夫妇哺育这个弃婴,当陆羽七八岁时,李公夫妇返回了故乡湖州,这样,季疵(李公夫妇为陆羽起的名字)便回到庙里,在积公身边煮茶奉水。积公从《易经》占得"渐"卦,卦辞上说:"鸿渐于陆,其羽可用为仪。"于是为小季疵定姓为"陆",名为"羽",字为"鸿渐"。积公能烹煮出好茶汤,陆羽自幼便从积公学得茶技。12岁时,陆羽离开了寺庙。陆羽曾在当地的戏班子里当过丑角演员,还帮助大家编写曲本;后来去了火门山(即天门山),在一位老夫子门下受业7年,直到19岁学成下山。

离开火门山之后,陆羽便立志于茶的研究,他写出《六羡歌》:

不羡黄金盏,不羡白玉杯,不羡朝入省,不羡暮登台,千羡万羡西江水,曾向竟陵城下来。

陆羽辗转来到江南的舒州(今安庆境内)和湖州地区,这时他20多岁。他起早贪黑,与茶民交流茶事,积累资料,以充实他的知识。

陆羽初到江南,结识了时任无锡县尉的皇甫冉。状元出身的皇甫冉是一位名士,为陆羽的茶事活动提供了许多帮助。对陆羽茶事活动帮助最大而且与陆羽情谊最深的还是著名的诗僧皎然。皎然俗姓谢，是南朝谢灵运的十世孙。皎然与陆羽相识之后结为忘年之交。皎然长年隐居湖州的一座寺庙，与当时的名僧高士、权贵显要有着广泛的联系，这拓展了陆羽的交友范围和视野。陆羽在寺内居住多年，收集整理茶事资料，并得到皎然的帮助，开始《茶经》的写作。

陆羽除了搜集了大量的茶叶知识，还积累了品尝各种水的经验，为此撰《水品》一篇（已失传）。陆羽对于江河井泉及雪水定出二十品，如庐山康王谷水帘水第一，无锡惠山寺石泉水第二，蕲州兰溪石下水第三，他把扬子江中心的中泠泉（在今镇江，也称南零泉）列为第七品。据说，一位名叫李季卿的州刺史在扬子江畔遇见了陆羽，便同舟而行。李季卿闻说附近扬子江中心的南零水的水质极佳，煮茶很好，遂令一小卒驾小舟前去汲水。不料小卒于半途将一罐水洒出过半，就舀了岸边的江水灌入。陆羽品尝后指出："此为近岸的江水，非南零水也。"李季卿就让小卒再去取水，这次品尝后，陆羽断定："这才是江心的南零水。"取水的小卒心服口服，说出了实情。

还有一个关于陆羽、积公与茶水的故事。据说，代宗皇帝也嗜茶，他听说积公善于品茶，便下旨招来积公和尚，决定当面试茶。

积公和尚来到宫中，皇帝即命煎茶，赐予积公品尝。积公只喝了一口，就放下茶碗，再也不喝了。皇上因问何故，积公笑道："我所饮之茶都是陆羽亲手所煎，再饮别人煎的茶，就

萌芽与花朵
——古代的科学技术

感到淡如水了。"皇帝便命人去寻陆羽。

人们找到了陆羽,把他带进皇宫。他用泉水烹茶献给皇上,皇上又让积公品尝。积公端起茶来喝了一口,连称好茶,接着一饮而尽,还兴冲冲地大声喊:"鸿渐在哪里?"皇帝就问积公何以知晓陆羽来到,积公笑道,这样的茶汤只有鸿渐才煎得出,既喝了这茶,当然就知道渐儿来了。

在中国茶文化史上,陆羽所创造的一套茶学、茶艺、茶道思想,连同他所著的《茶经》,是一个划时代的标志。

11.8 四大农书

《氾胜之书》是我国最早的一部农书。《齐民要术》堪称中国古代农业百科全书,是中国现存的第一部完整的农书。《农书》是一部对整个农业进行系统研究的巨著,特别是在介绍农业生产工具方面具有特色。《农政全书》一书中贯穿着治国治民的"农政"基本思想。这4部书为中国古代四大农书。

1.《氾胜之书》

《氾胜之书》成书于西汉晚期,作者是氾胜之,在汉成帝时,他在今陕西关中地区教民耕种。该书是作者对西汉黄河流域的农业生产经验和操作技术的总结,主要内容包括一些耕作原则、播种日期、种子处理,以及作物的栽培、收获、留种和贮藏技术,还有"区种法"(即"区田法")等。其中,对13种作物的栽培技术的记载较为详细,这些作物包括禾、黍、麦、稻、稗（bài）、大豆、小豆、枲（xǐ，大麻的雄株）、麻、瓜、瓠（hù）、芋和桑等。"区种法"在该书中占有重要地位，此外，作者提到的溲种法、耕田法、种麦法、种瓜法、种瓠法、穗选法、调节稻田水温法、桑苗截干法等，都不同程度地体现了当时农学的水平。

2.《齐民要术》

北魏农学家贾思勰（xié）是益都（今属山东）人，出生在一个书香之家。他的祖上就喜欢读书，尤其重视农业生产技术知识的研究，这对贾思勰产生了很大的影响。他的家境虽不富裕，但大量的藏书使他从小就有机会从书中汲取了大量的知识，对他编撰《齐民要术》发挥了重要的作用。在走上仕途之后，他曾经做过高阳郡（今山东临淄）太守，他还到过河北和河南等许多地方。在这些地方，他认真考察和研究当地的农业生产技术，而且向一些老农请教，积累了大量农业生产知识。当他又回到自己的故乡后，他开始经营农牧业，亲自体验生产劳动过程，对于许多生产技术都有了更为深入的了解。在北魏永熙二年（533年）到东魏武定二年（554年）间，他对自己积累的古书上的农业技术资料和获得的生产经验加以整理和总结，写成了农业科学技术名著《齐民要术》。

贾思勰的《齐民要术》是世界上现存最早、最完整的农学研究的百科全书，全书分10卷、92篇，共11万多字。书中参考和引用的书目有150多种，吸收的民间歌谣和谚语有30多条。

书中内容涉及谷类、油料、染料、香料、饲料、纤维作物和绿肥作物,以及水生植物、蔬菜、瓜果和林木的栽培;此外还有家畜家禽的饲养、蚕与鱼的养殖,以及蔬菜、果品、畜产品的加工,甚至还有日用品和化妆品的制作。书中在防旱保墒上也总结了一套实用的方法,把不断选育良种看作作物增产的条件,并且总结出轮作方法,总结出绿肥作物栽培和踏粪法等经验。《齐民要术》具有很高的科学水平和实用价值,被译成多国文字,成为世界农学宝库中的重要文献。

3.《农书》

王祯的《农书》(37集,也被称为《王祯农书》)总结了历史上的农业生产经验,是一部农学名著,是元朝编撰成的3部出色的农学著作之一(3部农学著作是元建国初年司农司编写的《农桑辑要》以及《王祯农书》和《农桑衣食撮要》,其中尤以《王祯农书》影响最大)。《农书》成书于元仁宗皇庆二年(1323年),全书13万余字,内容包括三大部分:《农桑通诀》(6集)为总论,体现了作者的农学思想;《百谷谱》(11集)为作物栽培理论,涉及粮食作物、蔬菜和水果等的栽种技术;《农器图谱》(20集)占全书80%的篇幅,几乎包括了传统的所有农具和主要设施,堪称一部图文并茂的农具史料,后代农书中所述农具大多以此书为范本。书中对土地利用方式和农田水利论述翔实。

王祯(字伯善)是东平(今山东东平)人,元成宗时曾任宣州旌德（今安徽旌德县）县尹、信州永丰（今江西广丰县）县尹。在为官期间，他捐俸兴办学校、修建桥梁和道路、施舍医药，时人颇有好评，称赞他"惠民有为"。王祯在任职期间，劝农耕作，政绩斐然。他规定农民每年种桑树若干株；对麻、苎、禾、黍、麦等作物，从播种到收获的方法，都一一加以指导；还画出各种农具的图形，让老百姓仿制。王祯把教民耕织、种植、养畜所积累的经验编入了《农书》。

4.《农政全书》

《农政全书》囊括了中国古代农业生产和农人生活的诸多方面，作者徐光启在书中贯穿了一个基本思想，即治国恤民的"农政"思想，这正是《农政全书》不同于其他农书的特色。过去的农书，无论是《齐民要术》，还是《王祯农书》，虽然强调"农本"观念，但重点在生产技术的知识总结和传播上，可以看成纯技术性的农学专著。《农政全书》则不同，它大致上可分为两个部分，即农政措施和农业技术。书中的开垦、水利和荒政的内容占了将近一半的篇幅，其中对历代备荒的议论和政策做了综述，这是其他的农书中所鲜见的。《氾胜之书》和《齐民要术》只是偶及几种备荒作物，《王祯农书》"百谷谱"之末有"备荒论"，但在《农政全书》中"荒政"作为一目，篇幅达18卷之多（为全书12目之冠）。书中对水旱虫灾做了统计，对于救灾措施及其利弊做了分析，最后附草木野菜可资充饥的植物达414种。

萌芽与花朵
—— 古代的科学技术

《农政全书》的作者徐光启（1562—1633年，字子先，号玄扈，图11-6）是松江府（今上海）人，是明末杰出的科学家。徐光启曾与意大利传教士利玛窦一起翻译西方科学著作，如《几何原本》和《泰西水法》等，成为介绍西方近代科学的先驱；同时他自己也写了不少关于历算、测量方面的著作，如《测量异同》和《勾股义》；他还主持《崇祯历书》的编制工作；他又负责练兵和制造火器的工作，著有《徐氏庖言》和《兵事或问》等军事著作。然而，徐光启一生用力最勤、收集最广、影响最深远的还是农学研究，其成果集中在《农政全书》之中。徐光启秉持农本思想，自号"玄扈先生"以明重农之志（"玄扈"原指一种与农时季节有关的候鸟，古时曾将管理农业生产的官称为"九扈"）。

图11-6　徐光启

关于农学研究，徐光启曾对其子徐骥说：

考古证今，广咨博讯。遇一人辄问，至一地辄问，问则随闻随笔。一事一物，必讲究精研，不穷其极不已。

《农政全书》中记载的除蝗和植棉以及水利知识，许多都是他亲眼所见的。他还进行过一些作物的南种北移或北种南移的试验，他在北京、上海和天津都有试验田。

对于国家的发展，徐光启是重实学的。他说："方今事势，实须真才,真才必须实学。"徐光启年轻时,家道已经衰落了,为了谋生,他到广东和广西地区教书。他虽为读书人,也从事农业和手工业劳动。35岁时(1597年),他考中举人(第一名),7年后又考中进士。他一生好学不辍,到70岁时还"昧爽细书,迄夜半乃罢",但他并不迷信书本。据说,他曾经在一个学生家看到一个芜菁,学生的家长告诉他,这是山东的菜,在南方是没有的。徐光启想,是否能移植到南方呢?他想在他的试验田进行试种。徐光启查阅了《本草图经》和《唐本草》,这些书上都记载了芜菁,但认为南方不能长成。不过,徐光启还是在上海进行了试种,并取得成功,芜菁终于在南方"落户"了。他还对这个学生讲,书是必须要读的,读了可以增长知识,但是不能迷信书本,像芜菁变菘(即白菜)的话,虽然写在书本上,却是道听途说的话,并不可靠,一经试验就知道了。

徐光启做官廉洁奉公,虽官居相位,仍工作勤奋,生活简朴。他的卧房"室庐仅丈,一榻无帏",在这样简陋的居室之中,他"精默好学,冬不炉,夏不扇",府中只有一个老仆役。徐光启去世之前,仍然念念不忘修改历法的事情,并且嘱咐家人"速缮成《农政全书》进呈,以毕吾志"。

综上可见,中国古人非常注意总结农业生产经验,逐渐形成了一些重要的理论,并留存下来一些专著。从这些专著中,今人大致可以看出古代农业生产实践和理论研究的水平,有些经验在今天仍然能够发挥重要的作用。

萌芽与花朵
——古代的科学技术

11.9 选取新种之法

在《周礼》中,关于生物不同品种之间存在的差异是以马为例,记载了种马、驽马、戎马、道马和田马等。《尔雅》收入马的品种则多达36个。对于生物物种的变异性,古人很早就认识到了,并且认识到环境对变异的影响,以及可以通过人工选择来培育人类需要的新品种。至少在公元前1世纪时,中国人已开始积累人工选择的知识,并在实践中加以运用。在《氾胜之书》中,作者氾胜之提出选育麦种应选麦穗大而强者。在北魏的《齐民要术》中,贾思勰大量地运用人工选择的办法选育良种,如猪、羊、鸡、蚕以及黍、粟、秫(shú,黏高粱)等,并且注意避免把选育的种子与别的种子混杂。

古代,若在民间发现了一些"瑞物",往往要献给朝廷,以表示当时是"太平盛世"。东汉学者王充认为:"瑞物皆起于气而生,生于常类之中,而有诡异之性。"他还举出例子:"越常献白雉,白雉,雉生而白色耳,非有白色之种也。"除了"瑞兽"还有"嘉禾",王充对此也有评论,他指出:"嘉禾生于禾中,与禾异穗。"这就是说,"嘉禾"是从禾中衍变出来的,属于新的品种,与普通的禾穗有所不同。像这样的谷穗变"嘉"的现象是很普遍的。例如,在《后汉书·光武本纪》中记载,在西汉建平元年(公元前6年),济阳(山东峄县)人发现,某嘉禾出现一茎9穗;又如,南朝时的天监四年(505年),在建康县朔阴里（江苏江宁县南）发现，嘉禾出现一茎12穗。清代的康熙皇帝曾有意识地培育出一种成熟期短、味美、多产的"御稻"品种，并把这种"御稻"在安徽和江西等地区进行了推广，康熙的研究在选种技术发展史上具有重要的意义。

宋代在花卉选育工作中也注意培养和保存发生了变异的品种。除了"嘉禾"之外，还有新的果树和花卉品种，蔡襄的《荔枝谱》（1059年）和刘蒙的《菊谱》（1104年）等书中有详细记述。关于菊花的变异，刘蒙指出：

花大者为甘菊，花小而苦者为野菊，若种园蔬肥沃之处，复同一体，是小可变为大也，苦可变为甘也。如是，则单叶变而为千叶，亦有之也。

到了明代，这样的认识更加深化了，正如宋应星所说："粱粟种类甚多，相去数百里，则色味形质随之而变，大同小异，千百其名。"对于粱粟的变异，宋应星的看法很正确，即这种变异只是"大同小异"。只相去数百里，其味道就会发生少许的变化，说明植物生长与环境是有关联的，正如元代王祯在他的《农书》中所写："凡物之种各有所宜，故宜于冀、兖者，不可以青、徐论，宜于荆、扬者，不可以雍、豫论……谷之为品不一，风土各有所宜。"类似的认识在许多书中都有反映，如宋代欧阳修的《洛阳牡丹记》中就记述了许多牡丹发生变异的现象。

人工杂交是人工创造新物种或改造旧物种的方法。杂交可以分为有性杂交和无性杂交，这两种杂交方法均在中国得到广泛的应用。有性杂交的典型例子就是骡子,它是雌马与雄驴交配而生。骡子具有马和驴二者的优势:马的体强、力大、善跑、活泼,驴的稳健、耐劳、适应粗饲料等,因此骡子载重更大,耐劳更强。据说,春秋时期的赵简子就有两匹骡子,这说明至少在2 000多年前就已利用种间杂交繁育成骡子。另外,家蚕有黄白两种茧色,人们用白(雄)配黄(雌)得到褐色茧。家蚕繁育方法还有"早雄配晚雌"的方法,即一化雄蚕同二化雌蚕相配,得到的"嘉种"更强健,且有耐高温的特点。无性杂交的嫁接技术也起源很早,北魏的《齐民要术》就记载了这种方法。例如,用棠树作为砧木,用梨树苗接穗,结的梨大而密。嫁接技术可以改良果实的品质,并使树木强壮。金元时期,人们总结出了6种嫁接方法,即身接、根接、皮接、枝接、靥(yè)接、搭接。利用有性杂交和无性杂交方法,古人获得了许多具有优良性状的新品种,这些新品种使作物的产量更高,果实的质量更好,使农林牧业发展保持了一定的可持续性。

11.10 人工变异的典型——金鱼

中国是金鱼的故乡。在南宋时,浙江地区出现了养"金鲫"热,这种"金鲫"可用于寺庙中的放生活动,还可成为达官贵人的观赏鱼,因此,养鱼人就愿意不断地使这种"金鲫"产生变异。据说,宋高宗赵构就在宫中建设鱼池,专门饲养"金鲫",为了得到更好的品种,赵构还派人到浙江昌化的山区

中捕捉一种"金银鱼"。对"金鲫"热当时人留下了记录,如岳珂(岳飞之孙)写道:

> 今中都有蓁鱼者,能变鱼为金色,鲫为上,鲤次之。贵游多凿石为池,置之檐牖(yǒu)间,以供玩。问其术,秘不肯言。或云以圜(huán)市洿渠之小红虫饲,凡鱼百日皆然。初白如银,次渐黄,久则金矣。未暇验其信否也。

贵族们把"金鲫"放入鱼池,从此使"金鲫"走上了家化的道路。豢养者把不同的"金鲫"与别的鱼杂交,加速了"金鲫"的变异。随着金鱼进入家庭越来越多,出现了专门销售金鱼的商贩,金鱼的品种也越来越多。在南宋时,所选育出的品种,文献记载的只有白色和花斑两种,经过三四百年的发展,品种多得不可胜数。明朝张谦德的《朱砂鱼谱》记载:"大都好事家养朱砂鱼,亦犹国家用材然,蓄类贵广而选择贵精。须每年夏间市取数千头,分数十缸饲养。逐日去其不佳者,百存一二,并作两三缸蓄之。加意爱养,自然奇品悉具。"这里说的"朱砂鱼"就是一种金鱼。这种精心培育的金鱼新品种不断增多,如五花、双尾、长鳍、凸眼、双臀鳍、短身等品种。

就像金鱼的培育一样,中国人对于牡丹新品种的培育也是持续的,对于培育的原理也进行了探索。例如,明代的夏之臣在《亳州牡丹记》中提出了"忽变"的概念,即:

> 牡丹其种类异者,其种子之忽变者也。

这种"忽变"的概念很有价值,它很接近于20世纪科学家使用的"突变"一词。

中国古人这种人工选择的活动受到英国科学家达尔文的关注。达尔文在《动物和植物在家养下的变异》中写道："在前一世纪，耶稣会会员们出版了一部有关中国的巨大著作，这一著作主要是根据古代《中国百科全书》编成的。关于绵羊，据说改良它们的品种在于特别细心地选择那些预定作为繁殖之用的羔羊，给予它们丰富的营养，保持羊群的隔离。中国人对于各种植物和果树也应用了同样的原理。皇帝上谕劝告人们选择显著大型的种子，甚至皇帝还亲自进行选择……关于花卉植物，按照中国传统来说，牡丹的栽培已经有1 400年了，并且育成了200到300个变种。"此外，达尔文在《物种起源》中还赞叹道："如果以为选择原理是近代的发现，那就未免与事实相差太远……在一部古代的《中国百科全书》中，已经有关于选择原理的明确记述。"

中国古人不仅通过人工杂交方法获得了大量的新品种，而且对于人工变异的理论有所认识，为人工选择原理的确立提供了有力的例证。

十二、旅行和地理

远途旅行在古人眼中是一件不易的事情。古人在旅途中发现不同地区的风景、人情、物事是有所不同的,于是他们把这些都记录下来,传播开去,也使今人能从中了解一些历史、地理知识。

12.1 穆天子的传奇

穆天子,是指周朝的周穆王,他生活在西周王朝的中期,即公元前960年前后,距今已有近3000年。他是一个可信的历史人物,上古史籍中都有关于他的记载。在一本名为《穆天子传》(图12-1)的古书中,记载了这位远游先驱者的故事。

图12-1 《穆天子传》书影

萌芽与花朵
——古代的科学技术

西晋太康二年（281年），在今河南汲县发现了一座战国时期的魏国墓葬，出土了一大批竹简，都是重要的文化典籍，通称"汲冢竹书"，竹简长二尺四寸（古尺），每简40字，用墨书写。在这些竹简中，就有《穆天子传》和《周穆王美人盛姬死事》的内容，后来有人将这些内容合并在一起，就成了流传至今的《穆天子传》。

从内容上看，《穆天子传》是一部记录周穆王西巡史事的著作，书中详细记载了周穆王在位55年间率领军队南征北战的盛况，有明确的时间可以查询。这本书名义上是传，实际上属于编年体的史书，其体例大致与后世的起居注相类同。所以，《隋书·经籍志》和《新唐书·艺文志》都把它列入史部中的起居注。

西晋年间，著作佐郎郭璞（276—324年）第一个替《穆天子传》作注，使读者能够更清楚地了解周穆王的戎马生涯。据《穆天子传》的记载及注本的诠释，周穆王曾经西征犬戎于陇西，入河伯之邦并礼河伯于兰州一带，观昆仑丘、舂山于青海湖边，巡骨仟、重黎、巨蒐等部落于武威地区，会西王母于张掖南山，猎于疏勒河、北山地区，涉流沙于居延海、巴丹吉林大漠，涉黄渡济，浪游太行、漳水、滹沱河、雁门山，进而驱驰于阴山、蒙古高原、塔里木盆地、葱岭、中亚，共计行程19万里（周里比今里小），其内容极为丰富。

《穆天子传》所提供的材料，除去神话传说和夸张的成分，有助于了解古代各民族的分布、迁徙和交往,以及先秦时期中西交通路径和文化交流情况。它说明远在汉武帝刘彻派张骞通西域以前,中国内地和中亚之间就已有个人和团体的交往接触,这里说的"西域"泛指古玉门关和古阳关以西至地中海沿岸的广大地区。

关于这本《穆天子传》,一直有两种看法:一种看法认为,这本书的内容并不是真实的,应该是后人模仿古人的口气写的,因为里面有太多的神话传说色彩;另一种看法则认为,这本书的内容是真实的,应该是当时的史官留下的真实记录。其实,无论哪一种观点对,对于今人来说都不重要,对这本书做全面的分析和深入的解读才是最重要的。

12.2 开发西部的先锋——张骞和班超

张骞和班超,将这两个人物放在一起,自然是因为他们之间存在着某种共性,这种共性就是出使、经略西域。

在秦汉时期,中原朝廷面对着一个强大的游牧民族匈奴,其首领冒顿(读作 mò dú)单于借楚汉相争的时机使本民族迅速强盛起来,并试图压制汉朝的发展。汉初的朝廷只得通过"和亲"的办法并提供大量的"馈赠"来安抚匈奴,但匈奴人依旧不断南下,掠夺粮食和财物。汉朝在经过"文景之治"后,国力大幅提升,汉武帝试图用武力解决匈奴问题。鉴于匈奴强大,汉武帝试图利用大月氏(zhī)与匈奴的矛盾,联合大月氏夹击匈奴。

张骞(公元前164—前114年,字子文,图12-2),汉中郡城固(今陕西省汉中市城固县)人,汉代杰出的外交家、旅行家和探险家。建元二年(公元前139年),汉武帝派张骞率领100多名随行人员,以匈奴人堂邑父(也被称为甘父)为向导从长安出发前往西域,寻找

图12-2　张骞雕像

大月氏国,试图与之建立共同对付匈奴的联盟。很不幸的是,当他们经过河西走廊的时候碰上了匈奴的骑兵队,全部被抓了起来。

匈奴单于为软化、拉拢张骞,打消其出使大月氏的念头,进行了种种威逼利诱,但都没有能够达到目的。张骞"不辱君命","持汉节不失",始终没有忘记汉武帝交给他的神圣使命,在匈奴一直困居了十年之久。

元光六年(公元前129年),匈奴人对张骞的监视有所松弛,于是他趁匈奴人不备带领其随从逃出了匈奴人的控制区。逃出来之后,张骞不忘他肩负的任务,继续西行。一路上,多亏堂邑父有打猎的本事,捉来鸟兽以充饥。经过一番周折之后,张骞来到了大宛(今乌兹别克斯坦费尔干纳盆地)。

张骞到达大宛之后,向大宛国王说明了自己出使大月氏的使命和沿途种种遭遇,希望大宛能派人相送,并表示今后如

能返回汉朝,一定奏明汉皇,多送他财物,重重酬谢。大宛王被张骞说动,最终答应了张骞的要求,热情款待后派了向导和译员,将张骞等人送到康居(今乌兹别克斯坦和塔吉克斯坦境内),康居王又派人将他们送到大月氏。

不料,这时的大月氏人由于迁居到新的地区,土地十分肥沃,物产丰富,并且距离匈奴和乌孙又很远,外敌寇扰的危险已大大减少,所以已经打消了复仇和复国之意。元朔元年(公元前128年),联盟外交意图失败的张骞只得空手而归。

归途中,张骞为避开匈奴控制区改变了行走路线,但是依然很不幸地再次被匈奴骑兵所俘,又被扣留下来。

元朔三年(公元前126年)初,匈奴因为争夺王位发生内乱,张骞趁机和堂邑父逃回长安。从武帝建元二年(公元前139年)出发,至元朔三年(公元前126年)归汉,共历13年。出发时张骞带着100多人,回来时仅剩下张骞和堂邑父二人。

张骞这次出使西域,虽然未能达到同大月氏建立联盟以夹攻匈奴的目的,但产生的实际影响是深远的,所起到的历史作用是难以估量的。张骞的第一次出使西域,不仅是一次极为艰险的外交旅行,同时也是一次卓有成效的科学考察。张骞对广阔的西域进行了实地的考察,回长安后,张骞将其见闻向汉武帝做了详细报告,对葱岭东西、中亚、西亚,以至安息、印度诸国的位置、特产、人口、城市、兵力等,都做了说明。这是中国和世界上对于这些地区第一次最详实可靠的记载,至今仍

萌芽与花朵
—— 古代的科学技术

是研究上述地区和国家的古地理和历史的最珍贵的资料。

元狩四年(前119年),匈奴失去了河西走廊向西北退却,依靠西域诸国的人力、物力,仍然与西汉朝廷对抗,于是汉武帝派遣张骞进行了第二次西域之行,这次张骞率领的随行人员有300多人。由于河西走廊已归于汉朝,张骞等人顺利通过。为了外交上的需要,他们赶着上万头牛羊并携带大量金银进入西域。此行的目的,一是劝说与匈奴有矛盾的乌孙东归故地,以断匈奴右臂;二是宣扬国威,劝说西域诸国与汉联合,使之成为汉王朝的外臣。张骞到达乌孙时,恰逢乌孙内乱,没有达到劝说乌孙东归的目的。不过,据说张骞的使团共到达53国,他们扩大了西汉王朝的政治影响,增强了相互间的了解。最终张骞一行偕乌孙使者数十人于元鼎二年(公元前115年)回到了长安。

张骞两次出使西域,很好地促进了汉朝与西域之间的经济文化交流。在张骞的礼品中,丝绸受到各国君王们的喜爱,丝绸起到了外交"润滑剂"的作用。

班超(32—102年,字仲升,图12-3)是扶风郡平陵县(今陕西咸阳东北)人,东汉时期著名军事家和外交家,他也是开拓和维持汉代与西域关系的重要人物。班

图12-3 班超雕像

家兄妹都是了不得的人物,哥哥班固是大史学家,妹妹班昭也是著名的史学家,至于班超,发生在他身上的"投笔从戎"的故事,更是影响了一代代的读书人。

永平十六年(73年),奉车都尉窦固等人出兵攻打北匈奴,班超随从北征。班超一到军旅之中,就显示了与众不同的才能,窦固很赏识他的才干,于是派他和从事郭恂一起出使西域。

班超和郭恂率领部下向西域进发,先到达了鄯善国(今新疆罗布泊西南)。鄯善王对班超等人先是嘘寒问暖,礼敬备至,后来由于匈奴使者的到来而突然改变了态度,变得疏懈冷淡。班超敏锐地意识到了问题所在,果断地带领随从人员先下手为强,采取突然袭击的手段,将匈奴使者斩杀一空,最终迫使鄯善王彻底改变态度,答应归顺大汉朝廷。

班超完成使命后率众回师,并把情况向窦固做了汇报。窦固非常高兴,上表奏明班超出使经过和所取得的成就,并请汉明帝再选派使者出使西域。汉明帝很欣赏班超的文韬武略,认为他是难得的人才,便下诏任命他为使者再次出使西域。这次出使西域,班超再次凭借他的机智和勇敢,先后使鄯善、于阗、疏勒恢复了与汉朝的友好关系。

建初五年(80年),班超上书汉章帝,分析西域各国形势及自己的处境,提出趁机平定西域各国的主张。班超在上书中提出了"以夷制夷"的策略。

永元三年（91年），龟兹、姑墨、温宿等国投降。此时，西域诸国中，只剩下焉耆、危须（今新疆焉耆东北）、尉犁（今新疆库尔勒东北）三国，因为曾经杀害汉朝的西域都护陈睦，心怀恐惧，尚未归降。

永元六年（94年）秋天，班超调发龟兹、鄯善等8国的军队共7万人，进攻焉耆、危须、尉犁，并最终取得了胜利。至此，西域50多个国家都归附了汉王朝，班超终于实现了立功异域的理想。

班超以非凡的政治和军事才能，在31年中，正确地执行了汉王朝"断匈奴右臂"的政策，自始至终立足于争取多数，分化、瓦解和驱逐匈奴势力，因而战必胜、攻必取，不仅维护了东汉的国家安全，而且加强了与西域各族的联系，为平定西域，促进民族融合做出了卓越贡献。

张骞和班超的外交活动是出于政治目的，但是，时间一长，政治色彩淡化了，从更加深远的意义看，贸易关系被持久地沿袭下来了。中国与西域的经济交往不断，大批的商人行走在张骞开辟的道路上，这种交往不断扩大，并逐渐形成了一条沟通东方与西方的长达7 000多千米的贸易之路，后人把这条道路形象地称为"丝绸之路"（参见本书上篇的7.10节）。

12.3 《佛国记》和《大唐西域记》

《佛国记》（图12-4）又名《法显传》《历游天竺记》《昔道

人法显从长安行西至天竺传》《释法显行传》或《历游天竺记传》等。

《佛国记》是东晋高僧法显撰写的,只有一卷,全文13 980字。法

图12-4 《佛国记》书影

显在书中记述了他从399年至413年的旅行经历,体裁是一部典型的游记,也属佛教地志类著作。这部书是研究中国与印度、巴基斯坦等国的交通和历史的重要史料。

法显是东晋僧人,也是中国历史上有记载的第一位到达并访问了印度本土的中国人。《佛国记》是法显唯一的著作,写成于他归国后不久。法显的事迹能为今人所知,绝大部分依赖于此书。它是古人从长安经西域至印度的陆路行程以及从印度至中国的海上航行的最早记录。由于书中记叙的西域古国早已灭亡,典册罕存,该书便成了研究这些古国的历史变迁的珍贵文献,因而受到了中外学者的高度重视。自19世纪以来,该书先后被译成法文、英文和日文等,出现了一批专门研究此书的著作。

《佛国记》中不仅简要地记载了法显游历天竺的行进路线、住留日程及主要活动,而且真实地记叙了所经亚洲各国及中国新疆地区在5世纪初的历史状况,如里程、方位、山川、气候、人口、语言、风俗、物产、政治和宗教等,特别是佛教的寺庙、

遗迹、僧尼数目、所习教说,以及众多的佛教传说。

《大唐西域记》的作者是唐代高僧玄奘。说到玄奘,可能读者还要愣一下神才能想起他是哪位高僧,但是,如果说到唐僧的话,大家的脑海里马上就会显现出一个生动的形象。唐僧的形象来源于小说《西游记》,不过他的原型人物倒是一位真真确确的历史人物,那就是唐代的高僧玄奘。

玄奘(602—664年,图12-5)是唐朝著名的三藏法师,俗姓陈,名祎,河南洛阳洛州(今河南偃师)人,世称"唐三藏",意为他精于经、律、论"三藏",熟知所有佛教圣典。

玄奘年幼时因家境贫寒,曾跟随长捷法师住在净土寺,学习佛经5年。13岁的时候,他便在洛阳正式出家。当时正值隋末唐初的动荡年代,但为了求得佛学的真谛,玄奘下四川,上长安,辗转求学。贞观元年(627年),玄奘再次到长安学习外国语言和佛学典籍。

图12-5　玄奘法师

玄奘感到各派学说纷繁复杂,没有定论,便决心到天竺取经。贞观三年(629年),他从凉州玉门关出发,经过今天的阿富汗等地区,单独行走几万里,历尽千辛万苦抵达天竺。

最初,玄奘在印度的那烂陀寺学习,后来游历天竺各地,并与当地佛学家辩论。最终,玄奘谢绝了天竺的盛情挽留,于贞观十九年（645年）回到了长安，并带回了657部佛经。玄奘还将西行沿途的风土人情、政治、历史和文化等见闻编纂成《大唐西域记》，为后人留下了宝贵的研究资料。

《大唐西域记》记载了玄奘亲身经历和传闻得知的138个国家和地区、城邦的情况。书中各国的排列基本上以行程先后为序：卷一所描述的是从中国新疆经苏联中亚抵达阿富汗的行程；卷二为印度总述，并记载了从阿富汗进入北印度的行程；卷三至卷十一所述包括北、中、东、南、西五印度及传闻诸国的情况；卷十二所描述的是从阿富汗返抵中国新疆南部地区的行程。该书的内容非常丰富，有各地的地理形势、水陆交通、气候、物产、民族、语言、历史、政治、经济、宗教、文化、风俗习惯等方面的叙述。

《大唐西域记》记载了东起中国新疆、西经伊朗、南达印度半岛南端、北到吉尔吉斯斯坦、东北至孟加拉国这一广阔地区的历史、地理和风土人情，科学地概括了印度次大陆的地理概况，记述了从帕米尔高原到咸海之间广大地区的气候、湖泊、地形、土壤、林木和动物分布的情况，而世界上流传至今的反映该地区中世纪状况的古文献极少，因而成了全世界珍贵的历史记录，也成为这一地区最为全面、系统而又综合的地理记述，是研究中世纪印度、尼泊尔、巴基斯坦、斯里兰卡、孟加拉国、阿富汗、乌兹别克斯坦、吉尔吉斯斯坦，以及克什米尔地区和中国新疆的最为重要的历史地理文献。

12.4 《马可·波罗游记》

对于马可·波罗(图12-6)和《马可·波罗游记》,读者似乎并不陌生,至少都知道在中国的历史上曾经出现过这么一个外国人,他在中国生活了很长的时间,然后又把自己的经历写了下来,形成了一本流播久远的珍贵游记。

马可·波罗(1254—1324年)是世界著名的旅行家,也是一位商人。他生

图12-6 马可·波罗

于意大利威尼斯一个商人家庭,他的父亲和叔叔都是商人。马可·波罗17岁时跟随父亲和叔叔,途径中东,历时4年多来到中国,在中国游历了17年。回国后,马可·波罗写了一本书叫《马可·波罗游记》(又名《马可·波罗行纪》或《东方闻见录》等),书中重点记述了他在东方最富有的国家——中国的见闻,这些内容激起了欧洲人对东方的热切向往,对以后新航路的开辟产生了巨大的影响。同时,西方地理学家还根据书中的描述,绘制出了早期的"世界地图"。

《马可·波罗游记》共分为4卷。第一卷记载了马可·波罗等人从意大利出发,前往中国的沿途见闻,一直写到他们到达了当时的中国政治中心元大都(今北京)为止;第二卷记载了蒙古大汗忽必烈及其宫殿、都城、朝廷、政府、节庆和游猎等事

情,还描述了从元大都南行到杭州、福州、泉州等东南沿海地区过程中发生的事情;第三卷记载了日本、越南、东印度、南印度、印度洋沿岸及诸岛屿、非洲东部等地的事情;第四卷记载的是君临亚洲的成吉思汗后裔之间的战争和亚洲北部的事情。

《马可·波罗游记》中的每一卷下面会分出独立的章节,每个章节主要只叙述一个地方的情况或者一件史事,全书共有229章。书中记述的国家和城市的地名有100多个,涉及的内容也是方方面面,综合起来看,有山川地形、物产、气候、商贾贸易、居民、宗教信仰和风俗习惯等,还包括国家的琐闻佚事和朝章国故。

总的来说,马可·波罗的这本游记是一部关于亚洲的游记,它记录了西亚、中亚和东亚以及东南亚等地区的许多国家的情况,而其重点部分则是关于中国的叙述。马可·波罗在中国停留的时间最长,他的足迹所至,遍及西北、华北、西南和华东等地区。他在书中以大量的篇章,记述了中国无穷无尽的财富,巨大的商业城市,极好的交通设施,以及华丽的宫殿建筑。以叙述中国为主的第二卷共有82章,在全书中所占的比例是非常大的。

马可·波罗的游记,虽然在中世纪时期的欧洲曾被认为是神话,被当作"天方夜谭",但事实上《马可·波罗游记》大大丰富了欧洲人的地理知识,同时对15世纪欧洲的航海事业起到了巨大的推动作用。可以说,《马可·波罗游记》直接或

间接地开辟了中西方直接联系和接触的新时代,也给中世纪的欧洲带来了新世纪的曙光。

12.5 徐霞客

徐霞客(1587—1641年,名弘祖,字振之,号霞客,图12-7)是江苏江阴人,是明朝末期地理学家、探险家、旅行家和文学家。徐家祖上都是读书人,称得上书香门第。徐霞客的父亲徐有勉一生不愿为官,也不愿同权贵交往,喜欢到处游览欣赏山水景观。徐霞客幼年受父亲影响,喜爱读历史、地理和探险、游记之类的书籍,这些书籍使他从小就热爱祖国的壮丽河山,立志要遍游这些名山大川。

图12-7 徐霞客

19岁那年,徐霞客的父亲去世了,徐霞客很想外出寻访名山大川,但是按照当时的习俗,"父母在,不远游",徐霞客因有老母在堂,所以没有马上出游。他的母亲是个读书识字、明白事理的妇人,她鼓励儿子说:身为男子汉大丈夫,应当志在四方,你出外游历去吧!到天地间去舒展胸怀,广增见识,怎么能因为我在,就像篱笆里的小鸡,套在车辕上的小马,留在家园,无所作为呢?徐霞客听了这番话,非常激动,决心去远游。临行前,母亲为他制作了"远游冠",他肩挑简单的行李,就离开了家乡。这一年,他22岁。从此,直到去世,他一生绝大部分时间都是在旅行考察中度过的。

22岁时徐霞客第一次外出去了太湖地区,此后30多年间,几乎年年外出考察,按照今天的说法,足迹遍及16个省市。他一路旅行考察,一路书写记录,坚持记载一路上的见闻。30多年中,徐霞客写有天台山、雁荡山、黄山、庐山等名山游记17篇以及《浙游日记》《江右游日记》《楚游日记》《粤西游日记》《黔游日记》和《滇游日记》等著作,除部分散失之外,遗留有60余万字的游记资料。徐霞客死后,他的友人将上述内容整理成了《徐霞客游记》一书。

《徐霞客游记》主要按日期记述作者1613—1639年间旅行观察所得,对地理、水文、地质和植物等现象,均有详细记录。它既是一部科学著作,又是一本文学游记。尤其是书中对于一些地形地貌的考察和研究,可视为地理学研究上的重要成就,如关于石灰岩地貌的记载和研究。石灰岩地貌也称喀斯特地貌,这种地貌的特点是奇峰怪石,危崖险洞,形成了各种各样的地质环境,并形成了独特的风光。这种石灰岩地貌经过长期的发育,受到地表水和地下水的侵蚀和冲刷,形成了孤峰、峰林(即石林)、钟乳石、石笋和石柱,以及暗河、暗桥、天生桥、落水洞、溶洞和溶沟,等等。徐霞客对此都进行了认真的考察和详细的记录。

由于中国西南地区的石灰岩地貌最多,也最为典型,这引起了徐霞客极大的兴趣。从1636—1640年,据说他进洞101个,除了对于倒悬洞顶的钟乳石和洞底的石笋有生动的描绘,他还记录了岩洞的朝向和高宽窄的详细数据。例如,在1637年,他探查过广西桂林的七星岩洞,在20世纪50年代,地质工作者也到此进行了考察,对于徐霞客记载的15个洞都进行了勘探,发现徐霞客记载的洞穴结构、方向和形态都很准确。徐霞客还初步论述了岩洞的成因,指出一些岩洞是水的侵蚀造成的,钟乳石是含钙质的水滴蒸发后逐渐凝聚而成的。他是中国和世界广泛考察喀斯特地貌的卓越先驱,欧洲人对于石灰岩的系统考察和研究比他要晚200多年。

除了石灰岩地貌,徐霞客还于1639年在云南腾冲地区考察了火山地貌和地热现象。关于腾冲火山遗迹,徐霞客听当地百姓说,原来在打鹰山上有4个深潭,在30年前曾经发生过一次火山爆发。当时曾经听到一声巨响,震死了几百只羊和几个牧民,在夜间可看到烈火把山上的树木全部烧光,深潭也都变成了平地。徐霞客爬到打鹰山上,看到"山顶之石,色赭而质轻浮,状如蜂房,为浮沫结成者,虽大至合抱,而两指可携,然其质仍坚"。他认为,这是火山喷发现象,并对于火山喷发形成的红色浮石、产生的巨响进行了描述和解释,这种描述包括岩石的颜色、结构和密度。他还对地热现象进行了最早且详细的描述。

徐霞客的眼光是批判性的。他不迷信古人的说法,他试图纠正文献记载的关于中国水道源流的一些错误，如针对《尚书·禹贡》以来流行的"岷山导江"的旧说，徐霞客认为，金沙江应是长江上源。

徐霞客的考察过程充满了惊险的经历。他曾几次断粮被困，为此卖掉了衣物。在广西融县（今融水苗族自治县）考察时掉入深潭，几至淹死。在湖南茶陵探查麻叶洞时，当地人传说洞中有神龙妖怪，徐霞客并不相信，仍坚持进洞考察。

在51岁时，徐霞客要到滇南，在出发前，他对儿子说：你们只当我死了，不要拿家务事来烦扰我。当他在湘江被劫时，衣服杂物都被抢走，同行的静闻和尚受了重伤，许多人都劝他回家，但徐霞客却坚定地表示：我带一把锄头走，何处不可以埋葬我的尸骨呢？

由于长期外出考察，徐霞客的身体健康受到影响，本来他应该亲自整理考察得到的材料，并进行深入研究，但遗憾的是，1641年他去世了，最终由他的友人将他的记录整理成书。

《徐霞客游记》除了是世界上第一部系统研究岩溶地貌的著作，在书中徐霞客还记述了很多植物的品种，明确提出了地形、气温、风速对植物分布和开花早晚的影响。他对所到之处的人文地理情况，包括各地的经济、交通、城镇聚落、少数民族和风土文物等，也做了不少精彩的记述。所以，后人评价《徐霞客游记》是"世间真文字、大文字、奇文字"。

12.6 郑和下西洋

15世纪初,燕王朱棣夺得明朝帝位,定年号为永乐。为了提高中国在海外的威望,显示中国的富强,并且加强中国与海外各国在经济与文化上的友好往来,永乐皇帝派郑和(1371—1433年)出使西洋,这就是所谓的"郑和下西洋"(图12-8)。自永乐三年(1405年)至宣德八年(1433年)的28年间,郑和率众7次远航。当然,民间传说,永乐皇帝派郑和下西洋也是为了寻找从南京逃跑的建文帝。

图12-8 郑和的船队

郑和本姓马,名和,小字三宝,回族,云南昆阳州(今属于晋宁)人。家族世奉伊斯兰教,他的祖父和父亲都曾到过伊斯兰教圣地麦加朝圣,被尊称为"哈只"(意为"朝圣者")。据传说,郑和的三十七世祖是伊斯兰教创始人穆罕默德。郑和幼年受过良好教育,对外洋情况有一些了解。明太祖洪武十四年(1381年),明军征讨云南,次年,战事结束。郑和的父亲死于战乱,12岁的郑和被俘,后拨至燕王府充宦官。史称郑和"丰躯伟貌""博辨机敏",为人谦恭谨密,做事不辞辛苦,逐渐受到朱棣的赏识和重用。后随朱棣参加"靖难之役","出入战阵多建奇功"。朱棣称帝后,郑和被提拔,执掌营建宫室及供应皇室所需的大权。永乐二年(1404年)赐姓郑,自此改名郑和。

郑和下西洋,每次都是从苏州刘家港出发,在福建长乐太平港停泊,等候太平洋西北季风。通常,11—12月期间,季风来了,船队便穿过台湾海峡和南海,第一站到达占城,再到东南亚各国,然后进入印度洋。郑和的7次远航中,前3次的活动区域主要在印度以东,最远到达了古里(古里是古代东西方海上贸易的重要港口)。

从第4次开始,郑和船队的活动区域扩大了,足迹到达了西亚和东非等地区。有学者对航线进行了认真研究,认为郑和下西洋的重要航线有56条之多。郑和下西洋,使中国的远洋航行出现了实质性的突破,开辟了一些新航线,形成了多点交叉的海上交通网络。

郑和下西洋的航海活动具有历史性的突破,其航程之远不仅在此前的中国航海史上没有,当时在世界航海史上也居于领先地位。这不仅要有高超的航海技术和造船技术,还要有丰富的航行经验,掌握足够的海洋知识,更需要莫大的勇气和探险精神。

郑和下西洋进行的贸易活动虽然带有一些政治色彩,但也具有互通有无的经济目的,所到之处还传播了中国文化,在中外文化交流史上写下了重要的篇章。

郑和的航海活动中所运用的先进航海技术也是非常值得称道的。郑和船队把航海天文定位与导航罗盘的应用结合了起来，提高了测定船位和航向的精确度，后来人们把这种导航技术称为"牵星术"，这项技术代表了那个时代天文导航的世界先进水平。郑和下西洋的地文航海技术，是以海洋科学知识和航海图为依据，运用航海罗盘、计程仪、测深仪等航海仪器，按照海图、针路簿记载来确定船舶的航行路线（"针路"就是航线上不同地点的航行方向连成的线），罗盘的误差不超过 $2.5°$。

郑和从34岁开始，前后28年献身海洋，最后一次下西洋时他病逝在印度的古里，时年62岁。郑和所代表的文化精神是一种不畏艰险、征服海洋的精神，是一种打开国门走向世界进行文化交流的决心，这种精神是应为后人所继承的。